Amel Boumendjel

Synthèse des IgE et asthme allergique

Amel Boumendjel

Synthèse des IgE et asthme allergique

Aspects moléculaires et rôle de l'IL-27 & Etude clinicobiologique dans une population pédiatrique asthmatique à Annaba

Presses Académiques Francophones

Mentions légales / Imprint (applicable pour l'Allemagne seulement / only for Germany)
Information bibliographique publiée par la Deutsche Nationalbibliothek: La Deutsche Nationalbibliothek inscrit cette publication à la Deutsche Nationalbibliografie; des données bibliographiques détaillées sont disponibles sur internet à l'adresse http://dnb.d-nb.de.
Toutes marques et noms de produits mentionnés dans ce livre demeurent sous la protection des marques, des marques déposées et des brevets, et sont des marques ou des marques déposées de leurs détenteurs respectifs. L'utilisation des marques, noms de produits, noms communs, noms commerciaux, descriptions de produits, etc, même sans qu'ils soient mentionnés de façon particulière dans ce livre ne signifie en aucune façon que ces noms peuvent être utilisés sans restriction à l'égard de la législation pour la protection des marques et des marques déposées et pourraient donc être utilisés par quiconque.

Photo de la couverture: www.ingimage.com

Editeur: Presses Académiques Francophones est une marque déposée de
Südwestdeutscher Verlag für Hochschulschriften GmbH & Co. KG
Heinrich-Böcking-Str. 6-8, 66121 Sarrebruck, Allemagne
Téléphone +49 681 37 20 271-1, Fax +49 681 37 20 271-0
Email: info@presses-academiques.com

Produit en Allemagne:
Schaltungsdienst Lange o.H.G., Berlin
Books on Demand GmbH, Norderstedt
Reha GmbH, Saarbrücken
Amazon Distribution GmbH, Leipzig
ISBN: 978-3-8381-7026-8

Imprint (only for USA, GB)
Bibliographic information published by the Deutsche Nationalbibliothek: The Deutsche Nationalbibliothek lists this publication in the Deutsche Nationalbibliografie; detailed bibliographic data are available in the Internet at http://dnb.d-nb.de.
Any brand names and product names mentioned in this book are subject to trademark, brand or patent protection and are trademarks or registered trademarks of their respective holders. The use of brand names, product names, common names, trade names, product descriptions etc. even without a particular marking in this works is in no way to be construed to mean that such names may be regarded as unrestricted in respect of trademark and brand protection legislation and could thus be used by anyone.

Cover image: www.ingimage.com

Publisher: Presses Académiques Francophones is an imprint of the publishing house
Südwestdeutscher Verlag für Hochschulschriften GmbH & Co. KG
Heinrich-Böcking-Str. 6-8, 66121 Saarbrücken, Germany
Phone +49 681 37 20 271-1, Fax +49 681 37 20 271-0
Email: info@presses-academiques.com

Printed in the U.S.A.
Printed in the U.K. by (see last page)
ISBN: 978-3-8381-7026-8

TABLE des MATIERES

DEDICACE

Bissmi'llah

Je dédie ce modeste travail principalement en témoignage de mon AMOUR, RESPECT et RECONNAISSANCE éternels... à mes très chers PAPA & MAMAN : Sans leur bénédiction, leur inestimable soutien et leur grand amour, ce travail n'aurait jamais pu aboutir.

Je le dédie ensuite tout particulièrement à mon petit YOUCEF : pour son amour et son attente (270 jours de séparation) durant laquelle j'ai essayé d'être aussi efficace que possible !!! C'est donc à lui qu'on devrait dire BRAVO aujourd'hui !

Je dédie, aussi, ce livre à mes très chères filles, Mériem et Sara, toutes deux nées après la soutenance.

Je le dédie également au Trio que j'aime plus que tout au monde :
Mon mari MAHFOUD et Mes frères DIDINE et MAHIOU : « Il était une fois, une princesse et trois tlabeb .... »

Enfin je le dédie avec beaucoup d'amour à :
- mes belles sœurs : ILHEM et FAIZA,
- mes neveux et nièces : HOUDEIFA, ABERRAHMANE, IBRAHIM, IMENE, FATIMA & ROMAISSA,
- ainsi que tous les membres de mes familles : BOUMENDJEL, YAHIA et MESSARAH

REMERCIEMENTS

Elhamdouli'llah,

Avant les remerciements d'usage, il est de mon devoir de commencer par remercier **L'Agence Universitaire de la Francophonie** (4 place de la Sorbonne, Paris) qui m'a permis de bénéficier d'une bourse de formation à la recherche qui fut capitale pour la réalisation et l'achèvement de ma thèse.

Ensuite, je tiens tout spécialement à remercier les personnes suivantes :

- **Mr Ali Ladjama** qui, après avoir participé en tant qu'encadreur pour mon mémoire de DES et en tant qu'examinateur pour ma thèse de magistère, me fait aujourd'hui l'honneur et l'immense plaisir de présider mon jury de soutenance,

- **Mr Mohamed Salah Boulakoud** qui, tout en n'ayant jamais cessé de m'assister et de me soutenir en m'accordant sa totale confiance, a accepté d'être mon encadreur, manifestant ainsi, encore une fois, la concrétisation de ses grandes qualités scientifiques et humaines.

- **Mme Arlette Tridon**, pour laquelle tout un manuscrit de remerciements et d'éloges ne suffirait pas à mettre assez en exergue tous les efforts qu'elle n'a cessé de déployer tout au long de ces dernières années pour m'orienter dans mes divers travaux de recherche, m'apprendre à comprendre ce que je réalisais avec elle, et surtout m'aider à finaliser la rédaction de ma thèse. A cette femme de science émérite, je ne peux dire que Merci !

- **Mr Bernard Dastugue**, sans lequel rien ou presque rien de cette thèse n'aurait pu se réaliser en France. A ce grand professeur de la faculté de médecine et de pharmacie de Clermont-Ferrand, qui a également accepté d'être membre examinateur de ma thèse, je vouerai toujours le respect le plus absolu et lui adresse mes meilleurs remerciements.

- **Mr Nouredinne Bouzerna,** qui a bien voulu accepter d'évaluer mon travail et faire partie de mon jury de soutenance.
- **Mme Dalila Sata** qui a bien voulu accepter d'évaluer mon travail et faire partie de mon jury de soutenance.
- **Mr Hans Yssel,** qui restera à mes yeux l'homme de science véritable, dont la rationalité des démarches et l'humanisme du comportement m'ont ouvert toutes grandes les portes de son laboratoire à l'unité INSERM 454 de Montpellier pendant près de huit mois, me permettant ainsi, aux côtés de sa sympathique équipe, de m'initier aux différentes techniques de la culture cellulaire et principalement à la cytométrie en flux, et de réaliser mon projet qui s'est concrétisé par la publication d'un article dans la revue "European Cytokine Network".
- **Mr Jérôme Pène** que je ne remercierai jamais assez pour ce qu'il a fait pour moi et qui, sous la tutelle de son directeur de recherche, le Dr Hans Yssel, m'a tout donné, non seulement son savoir mais aussi son savoir-faire scientifique. Il a toute ma reconnaissance éternelle.
- **Mme Vera Boulay** de la même équipe de Montpellier, dont je ne peux ignorer toute l'aide multiforme qu'elle m'a donnée tout au long de mes différents séjours
- **Mr Boudjema Samraoui,** qui a été, en fait, le point de départ de toute cette belle aventure auprès de l'équipe de l'unité INSERM 454 de Montpellier par l'intermédiaire de son ami le professeur **Gérard Lefranc**, que je tiens à remercier tout autant.
- **Mme Sophie Grillère**, représentante de la société **Siemens (ex-DPC)**, dont la gentillesse et l'assistance m'auront permis de bénéficier du financement d'une bonne partie de mon projet de thèse.

- Les différents médecins d'Annaba (Dr Aidaoui, Dr Amiri, Dr Bechtella, Dr Bouhadeb, Dr Bouhouche, Dr Boukertouta, Dr Boumaza, Dr Debez, Dr Demmak, Dr Derouiche, Dr Fezzari, Dr Guedjati, Dr Malki, Dr Nacer et Dr Tarfaya), les techniciennes et les responsables des divers laboratoires d'Annaba (Laboratoire de Mr Chekat, laboratoire de Mme Bensalah) et de Clermont-Ferrand (Laboratoire d'immunologie de la faculté de pharmacie et le laboratoire d'immunologie de l'Hôtel Dieu), Mme S. Ughetto, la statisticienne de Clermont-Ferrand qui m'ont apporté leur aide au moment où il le fallait ainsi que tous ceux, qui de près ou de loin ont été concernés par mon travail (et je citerai entre autres les membres de l'association ESSADA des asthmatiques d'Annaba - ALGERIE).

A toutes ces personnes et celles que j'ai peut-être omises, je voudrais exprimer toute ma reconnaissance et leur dire combien la recherche scientifique reste une œuvre exaltante qui ne peut réussir que dans la collaboration et la coopération.

A tous ceux et celles qui ont participé au présent ouvrage et à tous ceux et celles qui m'ont soutenu durant ces longues périodes d'absence de mon cher pays, j'aimerais dire:

CHOUKRAN' !

LISTE DES ABRÉVIATIONS :

Ac: anticorps

Acm: Anticorps monoclonal

ADNc: acide désoxyribonucléique complémentaire

Ag: antigène

AID: activation-induced cytidine deaminase

AP-1: activating protein 1

APC: Allophycocyanine

Arg: Arginine

ARN: acide ribonucléique

BCR: B-cell receptor

BSA: Bovine Serum Albumine

BSAP: B cell specific activator protein

C5a: fraction 5a du complément

CD: cluster of differentiation

CFTR: cystic fibrosis transmembrane regulator

CG (ou GC): centre germinatif

CS: class-switching

CMH: Complexe Majeur d'Histocompatibilité

CPA: Cellule présentatrice d'antigène

DC: cellule dendritique

DMSO: Diméthylsulfoxide

dNTP: désoxynucléotide triphoshate

DTT: Dithiothreiol

EBI3: EBV-induced gene 3

EBV: Epstein-Barr virus

ECF: facteur chimiotactique éosinophilique

ECP: Eosinophil Cationic Protein

EDN: Neurotoxine

EDTA: acide éthylène diamine tétraacétique

EGEA: Etude épidémiologique des facteurs génétiques et environnementaux de l'asthme

ELFA: enzyme linked fluorescent assay

ELISA: enzyme-linked immunosorbent assay

EPO: Peroxydase éosinophilique

FACS: fluorescence-activated cell sorting

Fc: Fragment cristallisable

FITC: Isothiocyanate de fluoresceine

FL: Fluorecence

FSC: Forward scatter

G-CSF: granulocyte colony-stimulating factor

GINA: Global Initiative for Asthma

GLT: Germline transcription

Glu: Glutamate

GM-CSF: granulocyte-macrophage colony-stimulating factor

Gy: Gray

HLA: human leucocyte antigen

HRB: hyperréactivité bronchique

ICAM: InterCellular Adhesion Molecule

IFN: interféron

Ig: immunoglobuline

IL: interleukine

Jak: Janus kinase

JNK: c-jun kinase

kDa: kiloDalton

Lc: Lymphocyte

LPS: Lipopolysaccharide

LT-α: lymphotoxine α)

Lys: Lysine

MAPK: mitogen activated protein kinases

MBP: Major Basic Protein ou MBP

Met: Methionine

NCF: facteur chimiotactique neutrophile

NFAT: nuclear factor of activated T-cells

NF-κB: nuclear factor κB

NHEJ: non homologous ends joining

NIK: NFκB inducing kinase

NK: natural killer

OMS: organisation mondiale de la santé

PAF: Platelet Activating Factor

PBMC: Peripheral Blood Mononuclear Cell

PBS: Phosphate Buffer Saline

PCR: polymerase chain reaction

PE: phycoérythrine

PGD: prostaglandines

RAG: recombinase activating gene

RANTES: regulated on activation, normal T-cell expressed and secreted

RT-PCR: reverse transcription-polymerase chain reaction

SAPK: stress activated protein kinases

Ser: Serine

SH: somatic hypermutation, ou SH

SRSA: Slow Reacting Substance of Anaphylaxis

SSC: side scatter

STAT: signal transducer and activator of transcription

SVF: sérum de veau fœtal

TCCR: T-cell cytokine receptor

TCR: T-cell receptor

TdT: terminal deoxynucleotidyl transferase

TGF: tumor growth factor

Th: T helper

TNF: tumor necrosis factor

TRAF: TNF-receptor associated factors

TXA2: tromboxane A2

Tyk: tyrosine kinase

VLA-4: Very Late Antigen-4

LISTE DES FIGURES ET DES TABLEAUX :

17

INTRODUCTION

L'immunoglobuline E est le principal anticorps impliqué dans le déclenchement de la réaction allergique de type immédiat, tel que l'asthme allergique. Ces anticorps sont synthétisés et sécrétés par des plasmocytes, descendants des lymphocytes B activés par l'allergène. Deux signaux sont requis pour la commutation isotypique vers cette classe d'immunoglobuline : l'un délivré essentiellement par les récepteurs CD40 et l'autre par des récepteurs de cytokines. L'engrènement des récepteurs CD40 du lymphocyte B et de leurs ligands (CD154 ou CD40L, induits sur le lymphocyte T activé) déclenche la machinerie de recombinaison (Vercelli & Geha, 1991). Cependant, le signal CD40 n'a pas (ou peu) d'action directive : c'est aux cytokines que revient la spécification de la classe qui va commuter. Ainsi, deux cytokines interviennent plus particulièrement dans ce système : L'IL-4 (produit par les Lc Th2) potentialise la synthèse de l'IgE alors que l'IFN-γ (produit par les Lc Th1) l'inhibe. Un déséquilibre entre les deux sous-populations Th1 et Th2 semble donc à l'origine de la synthèse accrue des IgE chez les individus allergiques (Pène et al., 1989). Cependant, il existe d'autres cytokines qui auraient des effets régulateurs positifs ou négatifs. Parmi lesquelles notre choix a porté sur l'IL-27, cytokine appartenant à la famille de l'interleukine 12, à effets pléiotropiques ayant des fonctions immunorégulatrices importantes, dont l'effet inhibiteur sur la synthèse de l'IgE en augmentant celle de l'IgG2a a été démontré dans un modèle d'asthme induit expérimentalement chez la souris (Miyazaki et al., 2005).

Ainsi, notre projet de thèse a consisté dans un premier temps à étudier la production, in vivo, des IgE (ainsi que les sous-classes d'IgG) dans une culture de lymphocytes B humains. Nous avons analysé d'abord en premier l'expression du récepteur de l'IL-27 dans les cellules B humaines afin de pouvoir ensuite évaluer son rôle potentiel dans la production des Ig. Nous avons étudié l'effet de cette interleukine sur le phénomène de commutation de classe et de la différenciation et prolifération des cellules B stimulées via le CD40 et activées par cette interleukine, en utilisant comme outil principal la cytométrie en flux.

En parallèle, et afin d'évaluer la spécificité des résultats obtenus, nous avons comparé les effets de l'IL-27 à ceux de l'IL-21 qui induit un switch vers la production des IgG1 et augmente la production de l'IgE induite par l'IL-4.

Dans un deuxième temps, notre travail de thèse étant axé essentiellement sur la synthèse des IgE, nous avons abordé ce thème en aval en étudiant in vivo les IgE témoins de sensibilisations allergéniques responsables de l'asthme allergique dans une population pédiatrique à Annaba (Côte Est Algérienne). Dans cette partie de notre projet de thèse, notre objectif a été d'explorer certains facteurs environnementaux allergéniques impliqués dans la génèse de l'asthme, responsables de l'activation mastocytaire et la libération de médiateurs donnant lieu à une hyperréactivité bronchique en recherchant les sensibilisations aux principaux pneumallergènes et les sensibilisations alimentaires.

Ensuite, il nous a paru utile d'évaluer les paramètres immunologiques proposés comme biomarqueurs de l'activité de l'asthme tels que les IgE sériques, l'éosinophilie et l'ECP, ceci sur la population totale et en fonction de l'âge. Nous avons évalué leur relation avec les paramètres cliniques : comme la gravité de l'asthme, l'existence de manifestations atopiques familiales et personnelles associées à l'asthme et l'ancienneté de la maladie.

Ainsi, dans cette étude, nous commençons par une revue de la littérature à travers un premier chapitre comportant des données bibliographiques dans lequel nous présentons les aspects fondamentaux de la synthèse des IgE par les Lc B, en identifiant les facteurs qui initient, intensifient et modulent ce processus; puis en abordant les aspects appliqués et cliniques de cette production d'anticorps dans le cadre de la physiopathologie de l'asthme allergique. Par la suite, dans un second chapitre nous mettons en valeur les différentes étapes méthodologiques adoptées au cours de notre travail de recherche et enfin dans le troisième chapitre nous étayons les principaux résultats de notre recherche comparés à ceux de la littérature.

Chapitre I – DONNEES BIBLIOGRAPHIQUES

I – 1 – ASPECTS FONDAMENTAUX DE LA SYNTHESE DES IgE:

I – 1 – 1 – Les immunoglobulines E :

A – Caractéristiques biochimiques et structurales :

Découvertes simultanément en 1967 par Ishizaka et al (Ishizaka & Ishizaka, 1967) et Johansson et al (Johansson, 1967), les IgE sont des glycoprotéines de 190 kDa de masse moléculaire, composées de 2 chaînes lourdes et 2 chaînes légères. La structure des IgE est comparable à celle des autres isotypes d'immunoglobulines (figure 1). À l'instar des IgM, elles comportent 4 domaines constants, alors que les IgG, les IgA et les IgD n'en possèdent que trois.

Les domaines variables confèrent la spécificité antigénique, et les domaines constants sont spécifiques de l'isotype IgE (Cε). Ces domaines forment la partie C-terminale de l'IgE et représentent la région de fixation sur un récepteur spécifique.

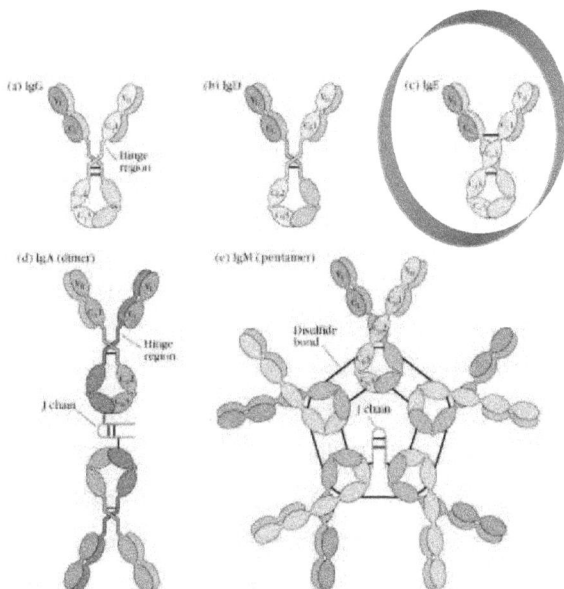

Fig. 1 : Structures comparées des immunoglobulines humaines

Les principales caractéristiques des IgE sont résumées dans le tableau I (Holgate & Church, 1993).

Tab. I : Caractéristiques principales des IgE humaines

Caractéristiques principales des IgE humaines	
Distribution cellulaire	Lymphocytes B après commutation et sélection
Sous unités structurales (nombre d'acides aminés)	2 chaînes légères (kappa ou lambda) 2 chaînes lourdes ε (556 pour l'IgE MD)
Modifications post-transcriptionnelles	Glycosylation en 6 endroits
Isoformes	IgE secrétées libres (IgE) IgE liées aux membranes (mIgE)
Régulation	IL-4 : commutation (switching) FcεR2 des LcB : sélection (prolifération cellulaire) Facteurs inconnus : épissage pour générer des IgE ou des m IgE

B – Propriétés et taux physiologiques :

La concentration sérique des IgE circulantes est de l'ordre de 0,4 mg/l (Roitt *et al.*, 1985). À la différence des autres immunoglobulines, les dosages d'IgE totales sont exprimés en unités internationales (1 UI = 2,4 ng), par rapport à un étalon préparé par l'OMS. Les limites de détection varient entre 0,1 et 2 kUI/l. La concentration sérique des IgE totales est influencée par l'âge, l'ethnie, la saison, la consommation tabagique ou le statut immunitaire. Par ailleurs, il est probable que la fraction circulante des IgE ne reflète pas suffisamment l'ensemble des immunoglobulines fixées, pour la plupart, à la surface des mastocytes par des récepteurs de haute affinité.

De très nombreuses pathologies peuvent être responsables d'une élévation parfois très importante des IgE totales telles qu'une parasitose ou une allergie (encore appelée hypersensibilité de type I), ou enfin une immunodéficience portant sur les lymphocytes T, comme pour une virose ou une maladie de Hodgkin.

L'étude de la réponse spécifique à IgE, in vivo ou in vitro, semble être le meilleur moyen d'étudier l'allergie dans les populations. Sur le plan pratique, deux méthodes sont utilisables :

- Le dosage d'IgE spécifiques de tel ou tel allergène par des techniques d'immunoanalyse.

- Les tests cutanés permettent de reproduire localement la réponse à IgE et mettent en jeu les IgE fixées sur les mastocytes.

I – 1 – 2 – Les Récepteurs à IgE :

Les récepteurs spécifiques de l'IgE sont présents à la surface de cellules impliquées dans les phénomènes allergiques. La majorité des cellules infiltrant la muqueuse bronchique expriment l'un des deux types de récepteurs spécifiques pour les IgE, le FcεRI ou le FcεRII, voir figure 2 (Holgate & Church, 1993).

A – Le récepteur FcεRI : Ce récepteur, dit de haute affinité, est essentiellement exprimé à la surface des mastocytes et des polynucléaires basophiles, mais aussi sur les cellules de Langerhans. Lors d'un second contact, l'allergène est reconnu par les IgE déjà présentes sur ces cellules, ce qui induit une dimérisation des récepteurs, il en résulte une activation cellulaire rapide, se traduisant par une dégranulation et la libération de médiateurs induisant des effets délétères sur la muqueuse bronchique, le tissu cutané et les vaisseaux (Chanez et al., 2005). Les zones d'interaction des acides aminés de la molécule d'IgE impliqués dans la liaison au récepteur FcεRI sont situés dans 3 boucles du troisième domaine constant CH3 et comportent Arg-408, Ser-411, Lys-415, Glu-452, Arg-465, et Met-469.

B – Le récepteur FcεRII : Ce récepteur est également appelé CD23, et s'exprime de façon constitutive sur les Lc B et est induit sur les diverses cellules hématopoïétiques dont les cellules T et B, les monocytes/macrophages, les éosinophiles, et les plaquettes. L'IL-4 semble être la majeure cytokine capable d'induire l'expression du CD23 à la surface des monocytes/macrohages et des éosinophiles. L'action de l'IL-4 sur les lymphocytes B naïfs induirait la production d'IgE via des mécanismes impliquant le CD23. Cette dernière molécule n'appartient pas à la famille des immunoglobulines mais est une glycoprotéine présentant un degré d'homologie avec plusieurs lectines animales.

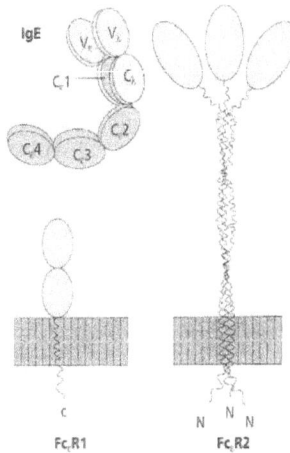

Fig. 2 : Les récepteurs FcεRI et FcεRII de l'IgE

I – 1 – 3 – Biosynthèse des immunoglobulines E :

La synthèse des IgE débute dès la 11ème semaine de vie intra-utérine mais, en raison de la forte activité T-suppressive du fœtus, le taux d'IgE dans le sang de cordon est en général très faible (inférieur à 2,4 ng/ml). Le taux des IgE augmente ensuite progressivement jusqu'à la puberté, puis il décroît jusqu'à l'âge de 30 ans et reste en plateau. Cette synthèse des IgE se fait essentiellement dans les tissus lymphoïdes proches des surfaces muqueuses des tractus respiratoires et digestifs.

A – Signalisation moléculaire :

Lorsque la cellule présentatrice de l'antigène (CPA) rencontre l'allergène, elle procède à son internalisation, sa dégradation et peut alors présenter les peptides antigéniques par l'intermédiaire du CMH de classe II (Lanzavecchia, 1985) aux lymphocytes TH2 qui sécrètent des cytokines (notamment l'IL-4). Le complexe antigène-CMH-II résultant permettra la coopération consécutive du lymphocyte T activé qui présente l'antigène aux lymphocytes B.

Ainsi, la mise en place d'interactions membranaires directes de type ligand-récepteur entre le LcT et le LcB enclencheront le processus de diversification des gènes des Ig, la maturation d'affinité et le développement d'une réponse humorale efficace (Bishop & Hostager, 2001), voir figure 3 (Geha, 2003).

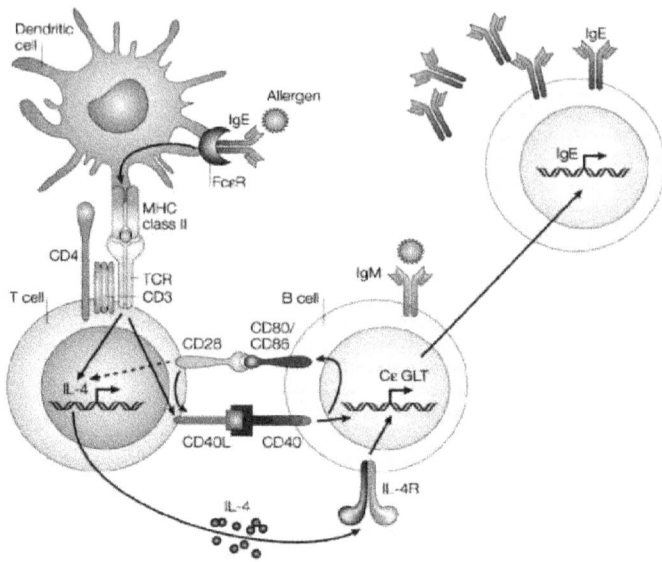

Fig. 3 : Facteurs impliqués dans la synthèse des IgE

Les protéines appartenant à la superfamille du TNF et de ses récepteurs TNF-R (TNF-receptor) sont des acteurs essentiels de cette coopération B-T. Particulièrement, la paire formée par CD40, un récepteur membranaire glycoprotéique d'environ 280 a.a., exprimé constitutivement par le lymphocyte B, les cellules de Langerhans et les cellules épithéliales thymiques, ainsi que son ligand CD154 (CD40L), molécule membranaire d'environ 260 a.a, exprimée transitoirement par le lymphocyte T activé, jouent un rôle central (Bishop & Hostager, 2003).

Les effets pléiotropiques induits à la suite de l'engagement de CD40 par son ligand coïncident avec l'activation de nombreux facteurs nucléaires activateurs de transcription dont, entre autres, NFκB (nuclear factor κB), NFAT (nuclear factor of activated T-cells), BSAP (B cell specific activator protein), AP-1 (activating protein 1), et les membres de la famille des STAT (signal transducers and activators of transcription), voir figure 4.

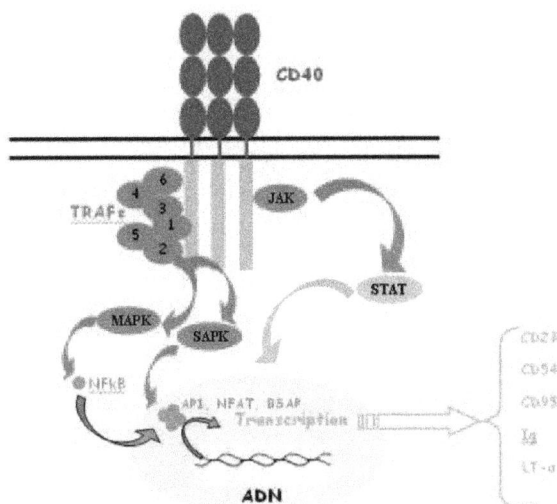

Fig. 4 : Cascade de signalisation déclenchée par l'interaction de CD40 avec son ligand CD154.

L'activation de ces facteurs de transcription est elle-même reliée au déclenchement préalable de voies de signalisation impliquant des protéines kinases au nombre desquelles se trouvent les SAPK (stress activated protein kinases) p38 et JNK (c-jun kinase), des MAPK (mitogen activated protein kinases) comme NIK (NFκB inducing kinase) et les protéines tyrosines kinases Lyn, Syk et Fyn (Bishop & Hostager, 2001, , 2003) (Faris et al., 1994).

Les mécanismes exacts à partir desquels CD40 initie ces différentes voies de signalisation demeurent cependant largement spéculatifs. Le récepteur est dépourvu d'activité enzymatique intrinsèque et assure la propagation de son signal grâce au recrutement de protéines adaptatrices, les TRAF (TNF-receptor associated factors, au nombre de 6) en analogie avec les autres membres de la famille des TNF-R, de même qu'en interagissant avec la tyrosine kinase JAK3 (janus kinase) (Grammer & Lipsky, 2000) (Lam & Sugden, 2003).

Ainsi, une fois engagé par son ligand, CD40 forme un complexe homotrimérique et provoque le recrutement des TRAF du cytoplasme vers la membrane cellulaire par l'intermédiaire des radeaux lipidiques (Bishop & Hostager, 2003).

Deux motifs de fixation des TRAF ont été identifiés dans la queue cytoplasmique de CD40. La voie de signalisation de CD40 la mieux caractérisée à ce jour est sûrement celle menant de l'engagement du récepteur à l'activation du facteur de transcription NFκB. Ce dernier est notamment responsable de l'induction de la protéine CD80 et, à un moindre degré, de CD23, CD95 et CD54 et de la sécrétion d'Ig. Son activation résulterait de l'interaction de CD40 avec TRAF2, TRAF5, TRAF6 (Rothe et al., 1995) et possiblement aussi de la participation de la MAPK NIK (Garceau et al., 2000).

D'un autre côté, l'association constitutive de CD40 avec JAK3, permettant l'activation des STAT, est impliquée dans l'induction de CD23, CD54 et la sécrétion de LT-α (lymphotoxine α) (Hanissian & Geha, 1997). L'issue de la signalisation via CD40 varie cependant selon le stade de différenciation de la cellule B. Ainsi une inhibition dans la sécrétion des Ac ou parfois même l'apoptose peuvent résulter de l'engagement du récepteur, notamment chez les B mémoires (Fecteau & Neron, 2003).

B – Etapes de maturation des Lc B :

La différenciation B commence lorsque des cellules souches deviennent des cellules pro-B qui expriment à leur surface un marqueur spécifique le CD44. La prolifération et la différenciation des cellules pro-B en cellules pré-B requièrent le microenvironnement produit par les cellules stromales de la moelle osseuse. Les cellules stromales jouent deux rôles importants : elles interagissent directement avec les cellules pro-B et pré-B, elles sécrètent des cytokines variées.

Chez l'homme, l'information nécessaire à la synthèse des immunoglobulines est retrouvée sur les chromosomes 14 (chaîne lourde), 2 et 22 (chaînes légères κ et λ). En particulier, le domaine variable des chaînes H et L est codé par différents segments non adjacents et présents en copies multiples sur le chromosome : V (variabilité), D (diversité, spécifique à la chaîne H) et J (jonction) (Cook & Tomlinson, 1995) (Matsuda *et al.*, 1998).

L'expression d'une molécule complète d'Ig à la surface de la cellule est tributaire de l'assemblage, vraisemblablement aléatoire, de ces différents segments via un processus de recombinaison de l'ADN germinal: d'abord un réarrangement D-J, suivi du réarrangement d'un gène V au D-J préalablement réarrangé, puis de leur jonction à un domaine constant des chaînes H (Cδ pour IgD ou Cε pour IgE) et des chaînes L (Cκ et Cλ), voir figure 5.

Ainsi, dans un précurseur lymphoïde B de la moelle osseuse ou du foie foetal, il y a expression des enzymes RAG1 et RAG2 (recombination activating genes), qui initient le processus de recombinaison par le clivage double brin de l'ADN cible et la formation de structures en tête d'épingle. À ce stade sont recrutées les protéines du complexe de réparation des coupures d'ADN avec brins non homologues (non homologous ends joining, ou NHEJ) dont l'expression cellulaire est ubiquitaire.

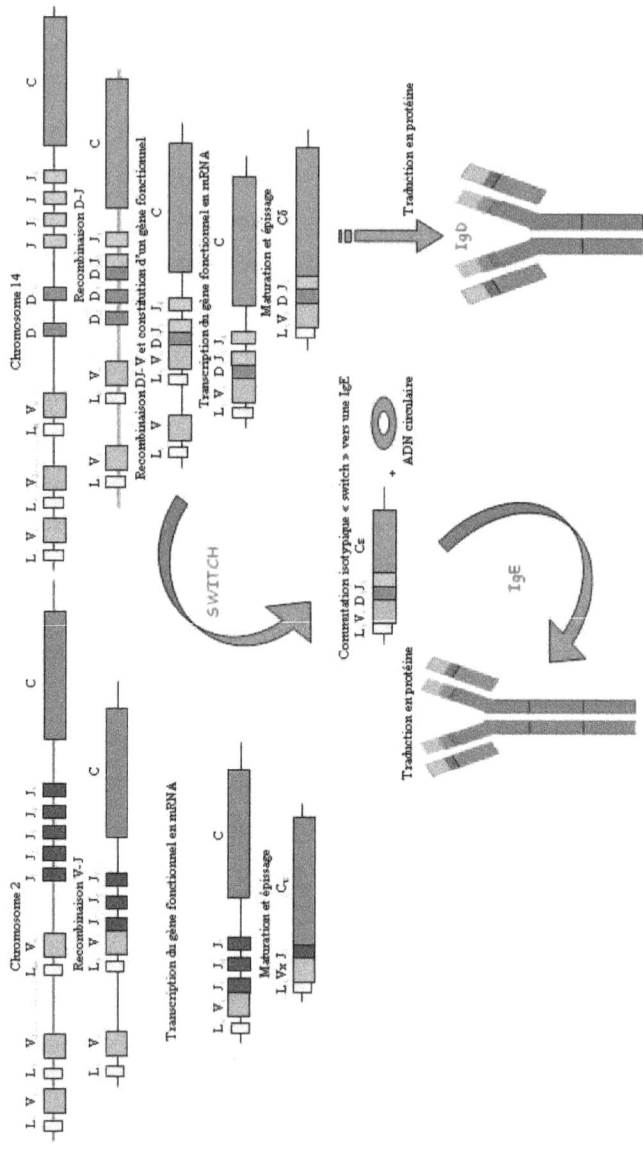

Fig. 5 : Réarrangements V (D) J et recombinaisons de l'ADN.

Ces dernières seront responsables de la jonction des brins générés par les RAG. L'enzyme TdT (*terminal deoxynucleotidyl transferase*) ajoute à la diversité combinatoire en catalysant l'addition aléatoire de nucléotides au site de jonction, engendrant ainsi la diversité jonctionnelle. La recombinaison V(D)J étant un processus ordonné, la cellule procède dans un premier temps au réarrangement de la chaîne lourde puis, en cas de succès, à celui de la chaîne légère.

Quand, en conjonction avec un lymphocyte T activé spécifique, les Lc B présentent l'antigène reconnu par l'immunoglobuline membranaire (Lanzavecchia, 1985), ils deviennent eux-mêmes activés, prolifèrent (Liu *et al.*, 1991), et voient alors deux options se présenter :

o D'une part, une minorité de lymphocytes B activés retourne dans un follicule, déclenchant la formation d'un centre germinatif (GC) qui permettra la génération de cellules B mémoires et de plasmocytes à longue vie, sécréteurs d'anticorps de haute affinité (Jacob & Kelsoe, 1992). Morphologiquement, ces lymphocytes B sont de petite taille et quiescents (Pascual *et al.*, 1994). Structurellement, les centres germinatifs se divisent en deux compartiments principaux (Feuillard *et al.*, 1995) (Kuppers *et al.*, 1993) (Pascual *et al.*, 1994):

▪ La zone foncée (*dark zone* ou DZ) où les lymphocytes B fondateurs ayant été activés par l'antigène ($IgM^+IgD^+CD38^+$) (Lebecque *et al.*, 1997) se différencient en centroblastes ($IgD^-CD38^+CD77^+CD44^-$) et sont soumis à un cycle d'expansion clonale intense (Liu *et al.*, 1991). À ce stade est activé le processus d'hypermutation somatique (*somatic hypermutation*, ou SH), lequel mène à l'introduction aléatoire et progressive de mutations ponctuelles dans les régions variables (V_H et à un moindre degré V_L (Klein *et al.*, 1998) des gènes codant les immunoglobulines.

▪ La zone claire (*light zone* , LZ), pourvue d'un réseau de cellules folliculaires dendritiques et de quelques lymphocytes T $CD4^+$, où migrent les clones mutants ayant achevé le cycle de prolifération cellulaire et subséquemment différenciés

33

en centrocytes (IgD⁻CD38⁺CD77⁻) (MacLennan & Liu, 1991), voir figure 6. Ces derniers sont également soumis au processus de CS (Liu *et al.*, 1996) et peut achever sa différenciation vers le stade de cellule effectrice, soit plasmocyte ou B mémoire, et quitter le centre germinatif.

À leur sortie de la moelle osseuse, les lymphocytes B matures mais encore naïfs (IgM⁺IgD⁺CD38⁻) transitent par la voie sanguine et vont coloniser les follicules primaires des organes lymphoïdes secondaires (rate, amygdales, ganglions lymphatiques, tissus lymphoïdes non encapsulés) entre lesquels ils re-circulent activement via le sang et la lymphe (Butcher & Picker, 1996).

o D'un autre côté, ils peuvent former localement un foyer de prolifération extra-folliculaire où ils se différencient rapidement en plasmocytes à courte durée de vie, sécrétant des anticorps de faible affinité. Dans ces foyers B-blastiques, les cellules peuvent être soumises au processus de commutation isotypique (*class-switching*, ou CS) des chaînes lourdes des Ig, grâce auquel devient possible la substitution de la chaîne lourde (C$_H$) des Ig, donc la sécrétion d'anticorps de classe et de fonctionnalité différente (IgG, IgA ou IgE), sans altération toutefois de la spécificité pour l'antigène (Toellner *et al.*, 1996), voir figure 7.

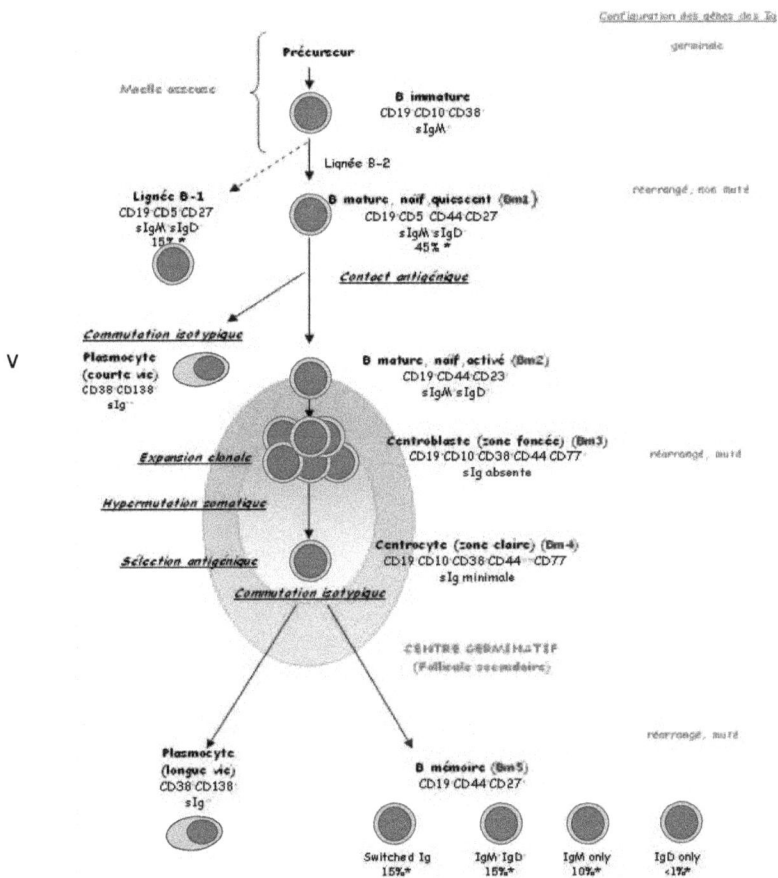

Fig. 6 : La classification des sous populations B selon la lignée, l'immunophénotype et la configuration des gènes des Ig

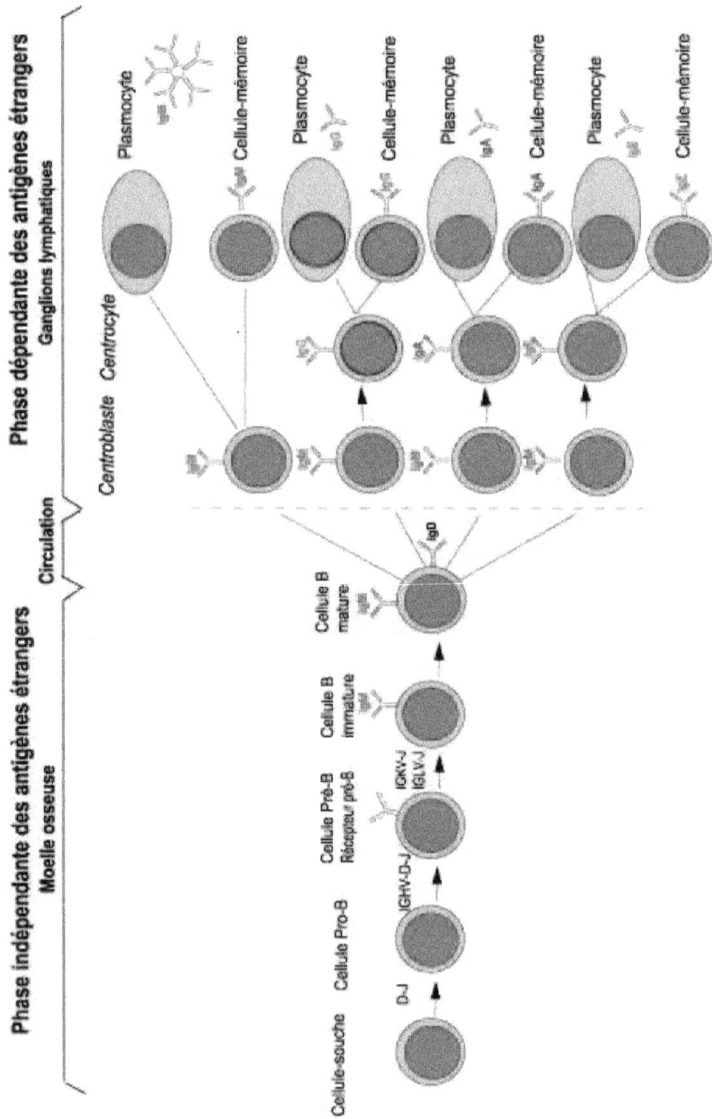

Fig. 7 : Expression membranaire des Ig au cours de la différenciation des Lc B

Il existe à la surface de ces diverses sous-populations lymphocytaires des marqueurs membranaires spécifiques qui permettent leur identification et leur séparation. Ainsi, le récepteur cellulaire CD27, membre de la famille des TNF-R à l'instar de CD40 joue, comme ce dernier, un rôle pivot dans la différenciation terminale du lymphocyte B à l'issue de la réponse des GC. CD27 est exprimé spécifiquement à la surface des lymphocytes B dotés de gènes des Ig hypermutés et, à ce titre, il a été désigné comme un marqueur spécifique des B mémoires (Agematsu, 2000).

Similairement à CD40, l'engagement de CD27 par son ligand, CD70, retrouvé à la surface des lymphocytes T mais aussi sur les lymphocytes B, favorise la sécrétion importante d'Ig de toutes classes confondues (Agematsu *et al.*, 1997). Toutefois, alors que CD40 induit préférentiellement la différenciation vers la stade de B mémoire (Arpin *et al.*, 1995), CD27 préside la différenciation plasmocytaire (Jacquot *et al.*, 1997).

Ces caractéristiques phénotypiques rendent alors possible la discrimination physique des populations de lymphocytes B grâce à la justesse de la cytofluorométrie. Aussi, quelle que soit la cellule isolée, et sur la base de l'expression différentielle des marqueurs phénotypiques et la configuration des gènes des Ig, il est désormais possible d'établir précisément son stade de développement et les événements moléculaires qui ont jalonné sa différenciation.

I – 1 – 4 – Modulation cytokinique de la commutation isotypique :

Seule une combinaison de cytokines n'induit pas la production d'IgE par une population très pure de lymphocytes B, indiquant que les signaux de co-stimulation additionnels provenant des Lc T sont nécessaires à la commutation vers les IgE (Jabara *et al.*, 1990). C'est ainsi que l'importance de l'interaction CD40/CD40L dans l'induction de la commutation isotypique IgE est montrée, in vivo, grâce à un déficit immunitaire concernant une mutation sur le gène CD40L.

Les patients atteints présentent un syndrome hyper-IgM et de très faibles quantités d'IgG, IgA et IgE sériques (Korthauer *et al.*, 1993). Néanmoins, la synthèse d'IgE est modulée par plusieurs lymphokines qui, vraisemblablement, agissent sur des stades ultérieurs de la maturation des lymphocytes B. Parmi celles-ci, l'IL-3, l'IL-5, l'IL-6, l'IL-9 et le TNF-α induisent tous une augmentation de la synthèse d'IgE in vitro alors que l'IL-2, l'IL-8, l'IL-10 et le TGF-β en sont inhibiteurs.

Toutefois, les cytokines les plus importantes sont :

A – Les interleukines 4 et 13 : La cytokine clé, essentiellement produite par les lymphocytes T activés, et causant la commutation isotypique en IgE, est l'IL-4 (Snapper & Paul, 1987) (Jabara *et al.*, 1988) (Pène *et al.*, 1988a) (Pène *et al.*, 1988b) (Lundgren *et al.*, 1989) (De Waal Malefyt *et al.*, 1995), voir figure 8. Plus récemment, l'IL-13 a été décrite comme étant capable d'induire la synthèse d'IgE indépendamment de l'IL-4 (Punnonen *et al.*, 1993). Toutefois, in vivo, l'IL-13 n'est pas capable de remplacer l'IL-4 chez la souris déficiente en IL-4 (Kopf *et al.*, 1993). En 1994, des expériences sur des lymphocytes B immatures humains, montrent que l'IL-13, qui partage de nombreuses fonctions biologiques avec l'IL-4, certainement parce que leur deux récepteurs partagent une structure commune (la chaîne α) (Aversa *et al.*, 1993) et utilisent la même voie de transduction (STAT 6), induit la prolifération des cellules B, la commutation isotypique et la production d'Ig, dont les IgG4 et les IgE, en présence de lymphocytes TCD4+. Comme d'autres cytokines TH2, l'IL-4 présente des propriétés anti-inflammatoires et inhibe fortement la production des cytokines pro-inflammatoires.

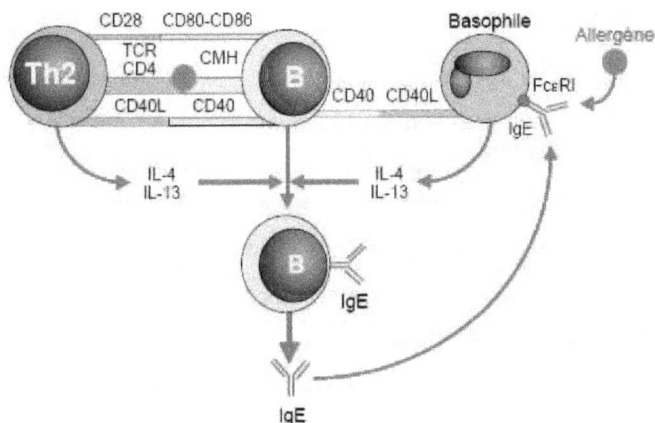

Fig. 8 : Régulation de l'inflammation asthmatique par les cytokines Th2.

B – L'interleukine 10 : L'IL-10 partage tous les effets anti-inflammatoires de l'IL-4 et de l'IL-13, modulant la production par les monocytes et les granulocytes de certaines cytokines pro-inflammatoires ainsi que de chimiokines. Elle inhibe la synthèse par les macrophages de médiateurs de l'inflammation. Dans l'allergie, il est notable que l'IL-10 exerce divers effets sur la production d'IgE. Etudiée sur une population de lymphocytes dérivés du sang périphérique de patients allergiques aux acariens, la synthèse d'IgE, induite par l'allergène, est augmentée par l'IL-10 (Kawano & Noma, 1995). Dans les lavages bronchoalvéolaires de patients asthmatiques, les niveaux d'IL-10 sont plus bas que ceux des sujets contrôles. Simultanément, une expression réduite d'IL-10 a été soulignée dans les PBMC de patients atopiques (Borish *et al.*, 1996).

C – L'interféron-γ : L'IFN-γ est produit par de nombreux types cellulaires: lymphocytes T CD4+ mais aussi CD8+, natural killer (NK) (Trinchieri, 1989) et éosinophiles (Lamkhioued *et al.*, 1995). En rapport avec la réaction allergique, le rôle de l'IFN-γ est assez complexe. Plutôt protecteur par son action sur les

39

lymphocytes B et sur la commutation isotypique, il pourrait aggraver l'inflammation locale par son action pro-inflammatoire. En effet, sur les lymphocytes B, l'IFN-γ agit en opposition avec l'IL-4. il inhibe leur prolifération (Mond *et al.*, 1985), l'expression du récepteur de basse affinité pour les IgE (CD23) induite par l'IL-4 (Defrance *et al.*, 1987; Hudak *et al.*, 1987). Au niveau de la commutation isotypique, l'IFN-γ inhibe de façon spécifique la production d'IgE et d'IgG1 et stimule celle des IgG2a in vitro (Thyphronitis *et al.*, 1989; De Waal Malefyt *et al.*, 1995), et in vivo chez la souris (Finkelman *et al.*, 1988).

D – L'interleukine 27 : il s'agit d'un nouveau membre appartenant à une famille de cytokines structurellement reliés qui inclut également l'IL-12 et l'IL-23 (Pflanz *et al.*, 2002). Cette cytokine hétérodimérique est composée de deux chaînes :

- une protéine glycosylée de 33 kDa : l'EBI3,
- une protéine de 28 kDa

Ces deux chaînes sont homologues aux sous unités p40 (Devergne *et al.*, 1996) et p35 de l'IL-12 (Pflanz *et al.*, 2002; Brombacher *et al.*, 2003) respectivement.

Elle est sécrétée, chez l'homme, par les cellules présentatrices de l'antigène activées (Pflanz *et al.*, 2002; Larousserie *et al.*, 2004; Larousserie *et al.*, 2005), telles que :

- Les monocytes,
- Les macrophages
- Les cellules dendritiques dérivant des monocytes (de type myéloïdes),
- Les cellules endothéliales.

Le complexe fonctionnel du récepteur responsable de la transduction du signal de l'IL-27 se compose de deux chaînes (Pflanz *et al.*, 2002; Pflanz *et al.*, 2004) :

- La sous unité TCCR (également connus sous le nom de WSX-1) qui est essentielle pour l'initiation des réponses immunes de type Th1, elle ne lie pas l'IL-12, ni ne s'associe avec les chaînes composant l'IL-12R.

- La sous unité gp130 : qui est partagé par plusieurs cytokines de la famille de l'IL-6 (Kichimoto, 2005).

Le récepteur de l'IL-27 se retrouve au niveau de plusieurs cellules dont principalement :

- Les cellules Th1
- Les cellules B activées
- Les cellules NK
- Les cellules NKT

- Les monocytes
- Les mastocytes
- Les cellules de Langerhans
- Les cellules endothéliales

L'IL-27, en se liant à son récepteur, semble induire une cascade de signaux Jack/STAT en induisant la phosphorylation de Jak1, STAT1, STAT3, STAT4 et STAT5 dans les cellules T, STAT1 et STAT3 dans les monocytes et STAT3 dans les mastocytes, voir figure 9 (Pflanz *et al.*, 2002; Villarino *et al.*, 2004).

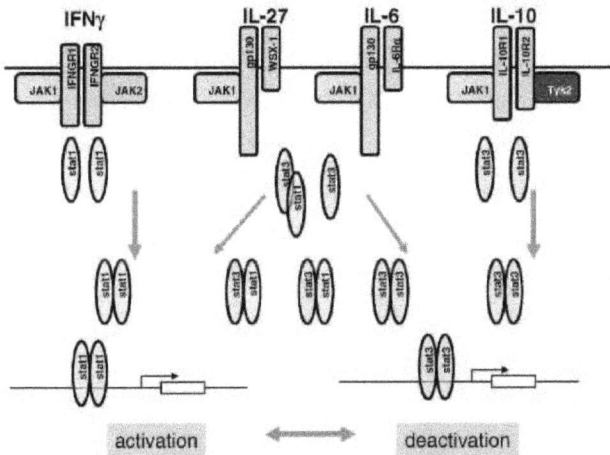

Fig. 9 : Activation de la signalisation Stat1 et Stat3 par l'IFNγ, l'IL-6, l'IL-10 et l'IL-27

Les résultats de plusieurs études ont montré, in vivo et in vitro, les effets pleiotropiques de l'IL-27 qui parait avoir des fonctions immunorégulatrices importantes en tant que cytokine pro- et anti-inflammatoire : la déviation immune TH1 étant due en partie à l'induction du T-bet, un facteur de transduction qui agit sur les gènes impliqués dans la réponse TH1, et les propriétés anti-inflammatoires étant communes aux membres de la famille des interleukines IL-6/IL-12 dont fait partie l'IL-27.

o   Initialement, certaines études réalisées chez la souris ont montré le rôle pro-inflammatoire de l'IL-27 qui, par synergie avec l'IL-12, induit la production d'IFN-γ par les cellules NK et les cellules T naïves humaines CD4+, et contribue ainsi à leur prolifération et polarisation précoce en cellules Th1 (Pflanz *et al.*, 2002).

o   D'autres expériences chez la souris ont précisé que la liaison du récepteur de l'IL-27 active le signal de transduction dans les cellules T naïves CD41 en induisant un phénotype TH1, voir figure 10 (Trinchieri, 2003). L'addition de l'IL-27 recombinante aux cellules T naïves en culture sous des conditions favorisant le profil TH2 aurait pour résultat, d'une part la diminution de l'expression du GATA-3, un important facteur de transcription pour le développement TH2, d'autre part la diminution de la production de l'IL-4. La diminution des cytokines TH2 causé par l'IL-27 est le résultat de l'inhibition de l'induction des cellules TH2. Ces résultats suggèrent que l'IL-27 peut jouer un double rôle dans le développement des cellules T et la réponse immune en stimulant la production des réponses TH1 en inhibant les réponses inflammatoires TH2. Ces propriétés peuvent indiquer le potentiel de cette cytokine dans la thérapie de l'asthme allergique (Steinke & Borish, 2006).

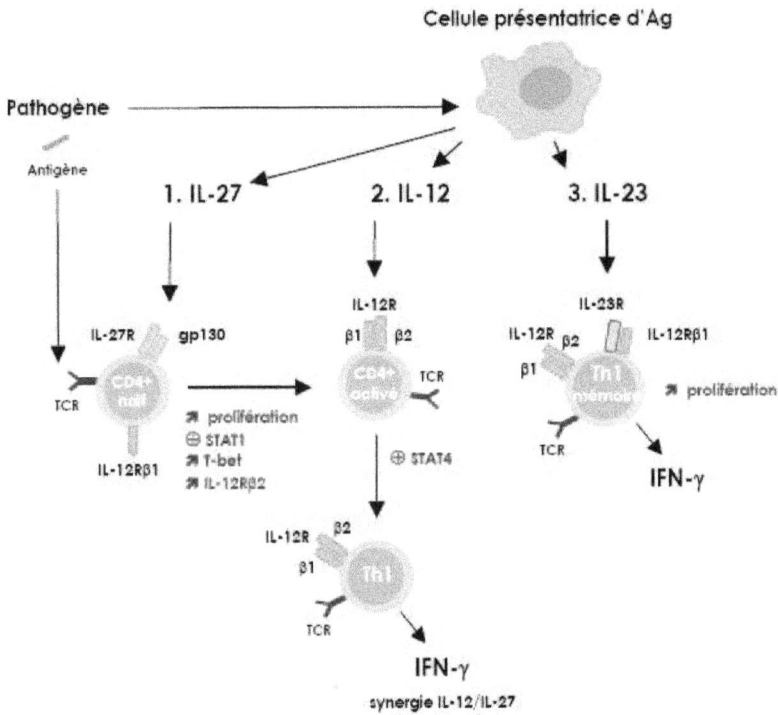

Fig. 10 : Développement de la réponse TH1 et implication de l'IL-27

Le rôle de cette interleukine sur les cellules B demeure encore inconnu. Ainsi, bien qu'aucune information sur l'implication de l'IL-27 dans la production d'Ig humaines n'ait été rapportée jusque là, il a cependant été montré que :

o L'expression des sous-unités du récepteur à l'IL-27 est fortement régulée durant la différenciation de cellules B humaines. Ceci impliquerait que les effets modulés par l'IL-27 varient selon l'étape de la différentiation des Lc B (Larousserie *et al.*, 2006).

o Dans un modèle d'asthme induit expérimentalement chez des souris déficiente en récepteur WSX-1$^{-/-}$, l'ovalbumine provoque l'augmentation du taux d'IgE sériques par rapport aux souris de type sauvage (Miyazaki *et al.*, 2005), ce qui permet de conclure que l'IL27 a un effet inhibiteur sur la synthèse de l'IgE (Yoshimoto *et al.*, 2004).

o L'IL-27 induit la commutation de classe d'IgG2a dans les cellules spléniques activées par le LPS ou dans des cellules B de souris activées via l'anti-CD40, et empêche la commutation de la classe IgG1 induite par l'IL-4 (Yoshimoto *et al.*, 2004). Il s'agit donc d'un facteur de commutation spécifique pour la production des IgG2a par les lymphocytes B murins (Chen *et al.*, 2000) qui présenteraient la plus grande homologie fonctionnelle avec les IgG1 humaines.

o Chez l'homme, l'IL-27 induit une augmentation des IgG1 produites par les splénocytes, mais rien de concluant avec les cellules B purifiées et le PBMC.

I – 2 – ASPECTS APPLIQUES ET CLINIQUES DE LA SYNTHESE DES IgE DANS L'ASTHME ALLERGIQUE :

L'aptitude génétique particulière à produire des IgE en excès constitue un caractère héréditaire appelé « atopie » dont l'importance ainsi que l'incidence de l'environnement contribuent, à part égale, à l'évolution de la pathologie d'origine allergique. Ainsi, l'asthme allergique est une maladie multifactorielle résultant de la conjonction de facteurs congénitaux (terrain atopique) et d'éléments liés à l'environnement (allergènes).

I – 2 – 1 – Terrain atopique :

Ainsi, caractérisé par une production exagérée d'IgE en réponse aux stimulations exercées par les allergènes et une réactivité exagérée des organes et tissus cibles, le terrain génétique prédispose à la survenue des manifestations allergiques.

Coca et Cooke en 1923 ont été les premiers à utiliser le mot atopie (du grec ατο- πια, signifiant « maladie étrange ») pour désigner ces manifestations. Définie aujourd'hui comme une hypersensibilité à des antigènes environnementaux communs, normalement non-immunogènes, l'atopie se manifeste par des désordres inflammatoires, récidivants ou chroniques, touchant les muqueuses respiratoires (asthme, rhinite...) et la peau (eczéma, urticaire...).

Un certain nombre de gènes ont été identifiés comme responsables de la capacité excessive de production des IgE qui sont caractéristiques de la réaction d'allergie immédiate. Mais, seules certaines régions chromosomiques ont été localisées et la plupart des données actuelles sont fragmentaires, nécessitant d'être reproduites par d'autres équipes et confirmées dans la population générale.

Ce caractère héréditaire de l'asthme a été démontré dès les premières études familiales et de jumeaux, mais les progrès récents des outils génétiques statistiques et moléculaires ont permis d'appréhender certains gènes dits de susceptibilité (voir tableau II) (David, 1996; Thomas *et al.*, 1997; Bousquet *et al.*, 1999), tels que :

- Les gènes candidats: plusieurs régions géniques de susceptibilité ont ainsi été localisées avec certitude ou par plusieurs équipes dans l'asthme, en particulier ceux de l'IL-4 (5q31.1q33.1), la chaîne β FcεRI (11q13), ainsi que l'IFNγ (12q15-q24.1).

- Les gènes de la réponse immune (spécifique ou non) à l'allergène. Un déséquilibre de liaison, entre un type HLA particulier et la sensibilisation à un allergène, a été retrouvé, comme, par exemple, la réponse IgE ou IgG à l'antigène du pollen d'Ambrosia artemisifolia (Amba V) fortement associée à l'haplotype HLA D2/Dw2 (Moffatt *et al.*, 2003).

- Plusieurs études de ségrégation incriminent plusieurs gènes. Les études familiales de ségrégation se poursuivent actuellement dans différents pays du monde (et notamment avec l'étude EGEA) car elles permettent les études de génétique moléculaire, seules capables d'approcher physiquement des gènes de susceptibilité de la maladie. Il existe cependant des différences de population car les mêmes gènes de susceptibilité ne sont pas retrouvés chez les Caucasiens, les Hispaniques ou les Afro-américains rendant les études encore plus complexes. De telles études sont en cours dans plusieurs pays du monde

En raisons de la complexité génétique de l'asthme, il est vraisemblable qu'il existe de multiples gènes dont l'expression varie selon le phénotype de l'asthme, expression largement modulée par les facteurs de l'environnement. En effet, il semble exister des interactions positives comme l'exposition aux allergènes qui pourrait potentialiser la réponse aux IgE.

Tab. II : Les gènes liés à l'asthme, l'hyperréactivité bronchique et l'atopie

Régions chromosomiques	Gènes candidats	Phénotypes associés
1q		HRB
2q33		Asthme
2q		HRB, TC
3		HRB, IgE, éosino
4		HRB
		IgE, éosino
5p15		Asthme
		IgE
5q31.1-q33.1	IL-4	IgE totales
	IL-9, IL-4	IgE totales
		Asthme
		HRB
		HRB, IgE
5q23-31		Asthme
5q	β2-ARpol,	Asthme nocturne
6p21.3	HLA-D	IgE spécifiques
		IgE totales, éosino
		éosino
6p21.3-23		Asthme
7		IgE totales, éosino, HRB
11p15		Asthme
11q13	FcεRIβ	IgE totales, HRB
	FcεRIβ	Atopie
	FcεRIβ	IgE totales, TC, asthme
	FcεRIβ	Asthme, HRB
12q15-24.1	IFNγ	IgE totales, asthme
12q14-24.2		Asthme
		IgE
13		Atopie
13q21.3-qter		Asthme
14q11.1	TCRα/δ	IgE spécifiques
14q11.2-13		Asthme
14q11.12	Chymasepol	eczéma
		éosino
16p		IgE totales, HRB, asthme
16p12	IL-4R	IgE totales et spécifiques
		éosino
17p11.1-q11.2		Asthme
		IgE
17p	CFTRΔF508	Asthme
19q13		Asthme
21q21		Asthme

I – 2 – 2 – Sensibilisation allergénique :

Dans le cas particulier d'une réaction immuno-allergique, l'antigène est un allergène et sa présentation par les CPA aux cellules T induisant la différenciation TH2 et stimulant la production des IgE par les Lc B, voir la figure 11 (Minty, 1999). Dans l'asthme allergique, cette étape de sensibilisation survenant le plus souvent chez un individu atopique, est la conséquence de la pénétration dans l'organisme par voie respiratoire d'allergènes désignés par le terme pneumallergènes, dont, les plus courants sont les suivants :

- **Les acariens:** En climat tempéré, les acariens représentent le premier allergène en cause dans les allergies respiratoires, quel que soit l'âge. Ils sévissent toute l'année et sont surtout présents dans les literies, moquettes et peluches. Leur développement est favorisé par des conditions optimales d'humidité de l'air (80 % d'hygrométrie) et de température (plus de 20 °C) (Arlian & Platts-Mills, 2001). Il existe une relation positive entre exposition allergénique et sensibilisation chez les enfants de la naissance à l'âge de trois ans, de cinq à douze ans et chez les adolescents de douze à quatorze ans. En effet, dans son étude prospective, Wahn et coll. montrent que 3 % des enfants de familles d'atopiques développent une sensibilisation vis-à-vis des acariens pour des taux d'allergènes du groupe 1 inférieurs à 2 mg/g de poussière (Wahn *et al.*, 1997).

- **Les pollens:** Les calendriers polliniques permettent d'identifier les pollens particuliers à chaque région. De janvier à septembre, divers pollens se succèdent dans l'atmosphère permettant de distinguer trois grandes saisons : les saisons des arbres, des graminées et des herbacées.Les communautés antigéniques entre les pollens et les aliments (fruits et légumes surtout) sont à l'origine d'allergies croisées dont les plus connues sont : ambroisie-melon et banane, pollen de bouleau-noisette et pomme ou armoise-céleri. L'allergie aux pollens est très fréquente et concerne 10 à 30 % de la population (Pauli et al., 2000).

- **Les blattes :** La blatte germanique cosmopolite de couleur brunâtre et mesurant 1 à 7 cm de long est la plus commune des espèces connues. Parmi leurs nombreux constituants allergéniques, on distingue Bla gI et Bla gII dont les taux dans la poussière de maison varient selon l'espèce considérée (Rosenstreich et al., 1997). Ces antigènes sont surtout présents dans le corps entier de la blatte, les mues, la capsule, les fécès et l'appareil digestif.

Plusieurs études transversales ont souligné les liens entre exposition, sensibilisation et asthme (Kang et al., 1993). L'allergie concerne surtout les sujets vivant en habitat collectif et urbain. La rhinite et l'asthme étant les symptômes principaux de l'allergie aux blattes (Dutau, 1996).

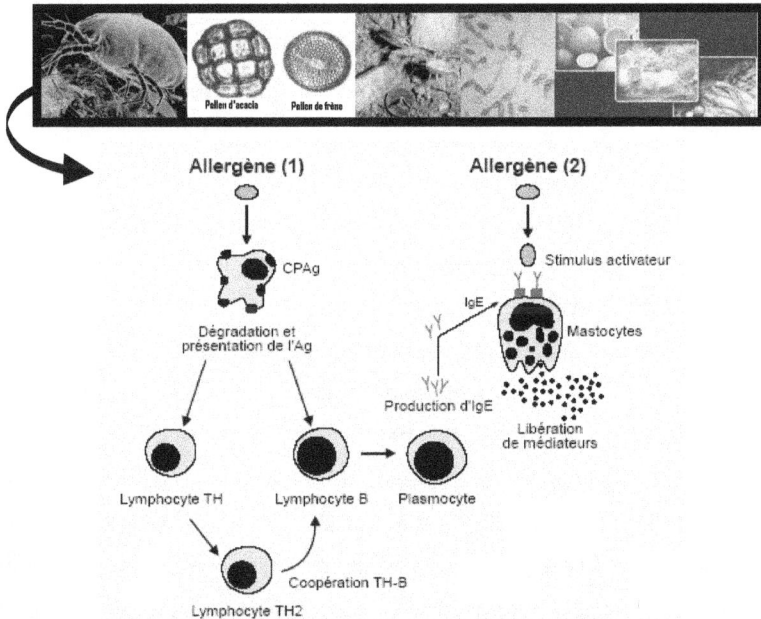

Fig. 11 : Sensibilisation (1) et induction de l'inflammation allergique (2).

- Les moisissures : Elles ont un rôle important dans la survenue des asthmes et des rhinites saisonnières allergiques (Halonnen *et al.*, 1997). Bien qu'il y ait des variations saisonnières et des pics périodiques, la plupart des moisissures ont la capacité de se développer toute l'année. Les plus connues sont Alternaria (l'allergène majeur d'*Alternaria alternata* est Alt a29), Cladosporium, Penicillium et Aspergillus. Elles sont souvent impliquées dans les formes sévères d'asthme. Elles sont présentes à l'extérieur ainsi que dans les habitats humides et peu aérés.

- Les phanères animaux : Les principaux animaux responsables de manifestations allergiques sont : le chat, le chien, le cheval, les lapins, les hamsters, les cobayes et les animaux de laboratoire (petits rongeurs surtout). Le chat est l'animal le plus sensibilisant (Custovic *et al.*, 2001). La particularité de l'allergène du chat est d'être volatil et résistant. Il peut rester en suspension dans l'air de l'habitat jusqu'à six mois après le départ de l'animal.

En ce qui concerne les allergènes de chat, les données sont plus contradictoires. En effet, un lien, entre les niveaux de concentration en Fel d1 (principal allergène du chat) et la fréquence de sensibilisation, est retrouvé dans la seule étude prospective disponible actuellement. Cependant, dans de nombreuses études transversales, chez des enfants et des adolescents, cette relation n'est pas retrouvée.

Ainsi, beaucoup d'études semblent démontrer un lien entre exposition aux pneumallergènes et sensibilisation. De nombreuses autres études épidémiologiques montrent une association étroite entre la concentration sérique d'IgE, le risque de survenue d'un asthme et la prévalence d'une hyperréactivité bronchique (Peat *et al.*, 1990).

L'ensemble des données épidémiologiques confirme aussi que les marqueurs biologiques de la réponse à IgE sont associés à certains phénotypes de la maladie asthmatique, sans que cette relation soit encore étayée par un mécanisme biologique confirmé.

Il est important de souligner que la sensibilisation à un allergène par le biais des IgE n'est pas synonyme de maladie allergique. De nombreux individus ont des tests positifs pour un allergène, sans exprimer des manifestations cliniques significatives en leur présence. Il est néanmoins probable que ces sujets développeront plus facilement une maladie allergique que les sujets non sensibilisés. Le marqueur potentiel d'une allergie devient alors le témoin d'un facteur de risque et acquière un intérêt prédictif.

La grande majorité des études s'intéressant au lien entre exposition aux pneumallergènes et symptômes a trait à l'asthme et, par conséquent, à l'effet des allergènes sur l'hyperréactivité bronchique, les symptômes d'asthme et la sévérité de la maladie (Chanez *et al.*, 2005).

Quant aux **allergènes alimentaires**, dénommés trophallergènes, Ils sont souvent impliqués dans l'asthme de l'enfant, et davantage chez le jeune enfant de moins de trois ans. Chez le jeune nourrisson, l'allergie alimentaire et la dermatite atopique représentent les premières manifestations allergiques (Burr *et al.*, 1997). Par la suite, se développent des sensibilisations respiratoires, d'autres allergies alimentaires, un asthme et une rhinite. Les allergies alimentaires concernent trois enfants pour un adulte mais la fréquence relative des aliments allergisants reflète les habitudes alimentaires et culturelles de chaque pays.

Selon une étude de Rancé et al, (Rancé *et al.*, 1999) chez l'enfant, cinq aliments sont responsables des trois quarts des allergies alimentaires :

- lait de vache   - poisson
- œuf de poule   - moutarde.
- cacahuète (ou arachide)

Chez l'adulte :

- les crustacés
- certains fruits et légumes (ombellifères) sont le plus souvent en cause.

L'étude de Roberts G et al montre que les aliments peuvent également se comporter comme des aéroallergènes (Roberts *et al.*, 2002). De plus, l'étude de Eigenmann et Zamora démontre que l'exposition précoce des nourrissons aux particules d'allergènes alimentaires présentes dans la cuisine, favorisée par une ventilation insuffisante et par une augmentation du temps passé à l'intérieur des maisons, est génératrice des sensibilisations et ultérieurement, à l'occasion d'une ingestion de l'aliment, d'une allergie alimentaire : il faut lutter contre le confinement des enfants à l'intérieur des maisons et bien aérer les pièces (Eigenmann & Zamora, 2002).

I – 2 – 3 – Phases de la réaction allergique :

Après l'étape d'initiation de la réponse allergique (sensibilisation), sous la dépendance des cellules dendritiques, de nombreuses autres cellules sont engagées dans l'étape effectrice suivante durant laquelle certaines cellules sont directement impliquées et responsables de la réaction d'hypersensibilité : mastocytes, éosinophiles, et à un moindre degré neutrophiles et plaquettes ; d'autres sont impliquées dans et le maintien de la mémoire immunitaire : cellules lymphocytaires B et TH2.

Phase immédiate :

Ainsi, chez un sujet préalablement sensibilisé, et lors d'un contact ultérieur avec l'allergène, généralement au niveau des voies respiratoires supérieures et inférieures, de même qu'au niveau de la peau et du tube digestif, les IgE, liées à la surface des mastocytes (cellules mononucléées CD34+) par le FCεRI, captent l'allergène. Il s'ensuit une réaction immédiate qui dure environ 30 minutes, durant laquelle il y a induction de l'activation des voies de transduction membranaire et cytoplasmique conduisant à la libération en cascade de médiateurs préformés, stockés dans les granules des mastocytes. Ce sont, entre autres :

-        l'histamine,

-        des agents chimiotactiques (facteur chimiotactique éosinophilique : ECF, et facteur chimiotactique neutrophile : NCF),

-        de même qu'un ensemble d'enzymes (protéoglycanes, des tryptases, et des chymases).

Cette libération massive de médiateurs (La réaction immédiate ne dure que 30 minutes) est suivie de la néoformation de médiateurs qui amplifient la réaction allergique.

C'est ainsi que l'activation de la phospholipase A2 initie la synthèse des métabolites des phospholipides membranaires. Il s'agit essentiellement de :

-        prostaglandines dont certaines ont une activité broncho spastique (PGD2, PGF2a, TXA2) et d'autres ont une activité broncho-dilatatrice (PGE2, prostacycline)

-        La voie des leukotriènes libère le LTB4 qui a une activité chimiotactique importante et le Slow Reacting Substance of Anaphylaxis (LTC4, LTD4, LTE4).

-        Le PAF (Platelet Activating Factor) est aussi libéré.

Phase tardive :

Enfin, il s'en suit, quelques heures après, d'autres phénomènes qui vont donner à la réaction allergique toute son ampleur telle que la synthèse de cytokines (l'IL-1, l'IL-2, l'IL-3, l'IL-4, l'IL-5, le GM-CSF, l'IFN-γ et le TNF-α) et le recrutement cellulaire. En effet, l'ensemble des produits libérés amène des cellules inflammatoires au site de la réaction, dont l'une des principales est l'éosinophile. Ce polynucléaire se distingue par la présence d'un noyau bilobé "en bissac" et surtout par l'existence dans le cytoplasme d'une vingtaine de granules spécifiques qui, en raison de leur contenu en protéines basiques, donnent à la cellule un aspect rouge orangé caractéristique sur les frottis colorés (affinité tinctoriale particulière de ces granulations pour les colorants acides tels que l'éosine).

L'éosinophile présente à la fois les caractères d'une cellule cytotoxique, d'une cellule inflammatoire et d'une cellule immunorégulatrice. Ainsi, elle est capable de libérer ces protéines basiques cytolytiques (les protéines cationiques) mais aussi de produire des dérivés réactifs toxiques de l'oxygène tels que des anions superoxydes (présence d'enzymes du métabolisme oxydatif dans des structures vésiculo-tubulaires).

Les protéines basiques sont, soit dans le "cristalloïde" central (Major Basic Protein ou MBP), soit dans la matrice (Neurotoxine ou EDN/EPX, Peroxydase ou EPO, Protéine Cationique de l'Eosinophile ou ECP), voir tableau III (Holgate & Church, 1993). Outre leur propriété cytotoxique, l'EDN/EPX et l'ECP ont une activité catalytique ribo-nucléasique.

Tab. III : Propriétés des protéines des granulations secondaires de l'éosinophile humaine

Protéine	Caractéristiques physiques			
	Lieu	Poids moléculaire	Point isoélectrique	Taux plasmatique (ng/ml)
MBP	Noyau granulaire	13,8 KDa	10,9	186
ECP	Matrice granulaire	18-21 Kda	10,8	17
EDN	Matrice granulaire	18-19 Kda	8,9	20
EPO	Matrice granulaire	19 KDa	10,8	26

Des taux élevés de MBP, compatibles avec une activité cytotoxique, ont été retrouvés dans différents liquides biologiques (sérum, liquide de lavage alvéolaire...) notamment dans l'asthme grave. C'est surtout l'immunodosage de l'ECP qui a connu de multiples applications en clinique permettant de mieux appréhender le profil d'activation de l'éosinophile.

L'éosinophile est aussi une cellule inflammatoire, capable de libérer :

- des médiateurs lipidiques (leucotriènes, prostaglandines, thromboxane B2, facteur d'activation plaquettaire ou PAF-acether...)
- des chemokines (RANTES, MIP-1α, IL-8) ou des cytokines pro-inflammatoires (IL-4, IL-5, TNFα) (Ohnukia *et al.*, 2005).

Par ailleurs, l'éosinophile exprime des récepteurs de surface pour des facteurs de croissance et des cytokines (GM-CSF, IL-3, IL-4, IL-5, IL-2 ...) ; pour des facteurs chimiotactiques (chemokines, cytokines, anaphylatoxines, médiateurs lipidiques...) mais aussi pour de nombreux médiateurs de la réponse immune ou des réactions d'hypersensibilité (IgG, IgA, IgE, fractions effectrices ou régulatrices du système du complément...). Les médiateurs actifs sur la lignée éosinophile agissent sur la différenciation des progéniteurs hématopoïétiques et/ou favorisent la mobilisation puis la domiciliation des polynucléaires éosinophiles dans différents sites tissulaires.

L'identification de molécules d'adhérence à la surface des éosinophiles a permis de mieux appréhender les principaux événements qui régulent les processus de migration et de diapédèse des éosinophiles :

- Après une étape de décélération des leucocytes à la surface de l'endothélium ou phénomène de "rolling" (interactions Sialomucines /Sélectines), voir figure 12,
- les éosinophiles pré-activés ("primed eosinophils") par des facteurs variés (C5a, PAF-acether, IL-3, IL-5, RANTES, MCP-3, éotaxine, ...) adhèrent plus fortement à la cellule endothéliale par l'interaction entre les intégrines VLA-4 et

Mac1 (éosinophiles) et les molécules VCAM et ICAM de la superfamille des immunoglobulines (cellules endothéliales).

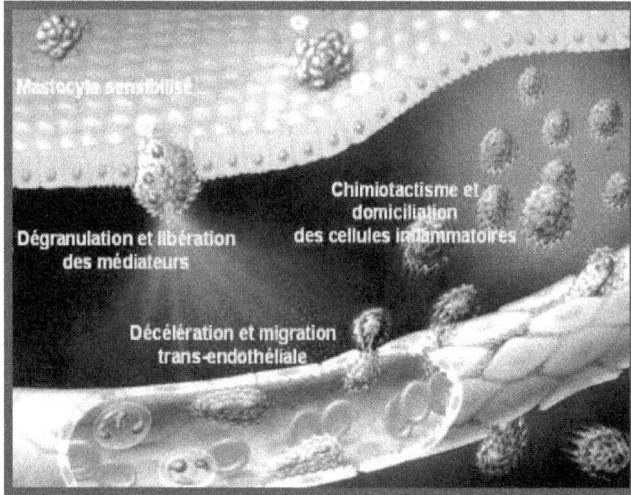

Fig. 12 : Processus de migration trans-endothéliale et domiciliation des cellules inflammatoires

- Ces mêmes interactions favorisent les processus de migration trans-endothéliale et permettent à l'éosinophile d'entrer en contact avec les éléments de la matrice extracellulaire. L'absence de certaines molécules d'adhérence à la surface du neutrophile, ce qui paraît être le cas pour VLA-4, explique que seul l'éosinophile sera recruté dans certains foyers inflammatoires.

Par ailleurs, la modulation de l'expression de ces molécules d'adhérence, notamment à la surface de certaines cellules endothéliales, conditionnera la domiciliation sélective des éosinophiles. Dans un modèle d'asthme expérimental, le blocage des interactions entre certaines molécules d'adhérence, par un anticorps monoclonal anti-ICAM-1, entraîne une diminution significative de l'infiltrat tissulaire en éosinophiles et une atténuation de l'hyperactivité bronchique.

Les effets des médiateurs dans l'asthme allergique commence par la réaction immédiate, médiée particulièrement par l'histamine, qui se manifeste par un bronchospasme et qui survient rapidement lors du contact avec l'allergène.

À la suite de la libération des autres facteurs, il peut se former une inflammation au niveau de la bronche, situation qui va en augmenter la sensibilité, voir figure 13 (Holgate & Church, 1993). Ce phénomène d'hyperréactivité bronchique se caractérise, par une plus grande intensité de réaction aux allergènes auxquels le patient est allergique, de même que par une sensibilité non spécifique à des agents non allergènes, comme le froid, l'exercice, les infections, et à des facteurs irritants comme la fumée de cigarette.

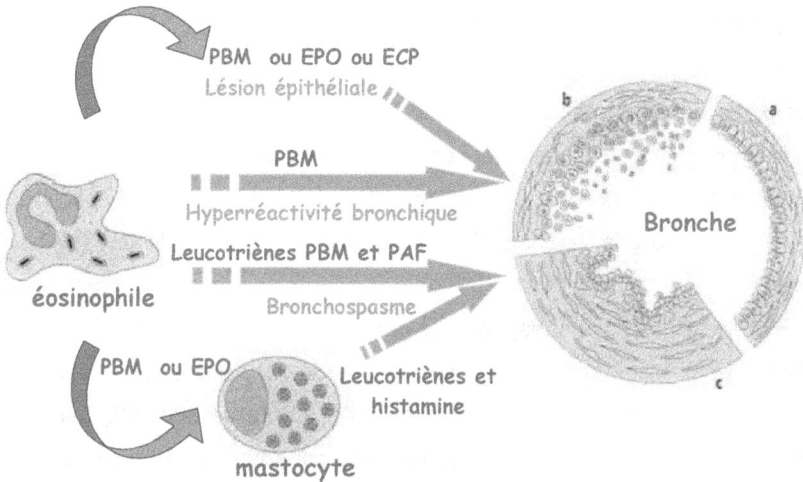

Fig. 13 : Rôle des éosinophiles dans l'anatomo-pathologie de l'asthme

a) Bronche normale / b) Bronche lésée (desquamation épithéliale) / c) Constriction et hyperplasie des muscles lisses avec œdème de la lamina propria, conduisant à une diminution du calibre de la voie respiratoire

Par la suite, suivent les manifestations de la sensibilité de la bronche: Sur le plan des symptômes, cette sensibilité se manifeste par de la dyspnée, de la tachypnée, de la toux, des expectorations et des sibilances, de "wheezing" d'intensité variable et réversible. L'intensité de ces symptômes classiques de l'asthme varie en fonction du degré d'inflammation de la bronche (Weisnagel, 1990).

L'inflammation bronchique dans l'asthme allergique est constante et persiste même en l'absence de symptômes. Les liens entre l'intensité de la réponse inflammatoire et l'apparition de phénomènes de remodeling plaident pour une prise en charge thérapeutique précoce de la maladie asthmatique, notamment chez l'enfant (Tillie-Leblond *et al.*, 2004). Depuis 1960, la prévalence de l'asthme chez les enfants a augmenté d'environ 6 à 10% par an dans la plupart des pays industrialisés. Cette augmentation est probablement liée, dans une large mesure, à des facteurs environnementaux. L'allergie constitue une composante de l'asthme chez 90% des enfants, chez environ 70% des adultes de moins de 30 ans, et chez 50% des adultes de plus de 30 ans (Weisnagel, 1990).

En Algérie, les infections respiratoires demeurent la première cause de mortalité infantile après la rougeole et la diarrhée. Le nombre des asthmatiques est de 700 000 et il va en augmentant, car en 2010 il sera de 800 000. Dans la ville d'Annaba, le taux de prévalence de l'asthme est supérieur au taux national, 55 % des asthmatiques ont plus d'une crise par mois et 42 % des patients ont été hospitalisés au moins une fois durant l'année (Amir, 2005).

Plusieurs mécanismes ont été proposés pour expliquer l'augmentation de l'incidence de l'asthme. L'amélioration des conditions d'hygiène est l'hypothèse actuellement retenue (Hopkin, 1997). La diminution de l'exposition aux pathogènes microbiens (bactériens ou viraux) pendant la jeune enfance nuirait au développement des réponses immunitaires cellulaires (impliquant des lymphocytes de type Th1) entraînant une dérégulation définitive des réponses de type humoral ou «Th2» impliquées dans la production des IgE (Prescott *et al.*, 1999).

Chapitre II – MATERIEL ET METHODES

II – 1 – ASPECTS MOLECULAIRES ET RÔLE DE L'IL-27 :

Cette partie de la thèse a été réalisée au laboratoire d'immunopathologie de l'asthme dans l'unité INSERM 454, Hôpital Arnaud de villeneuve à Montpellier (France).

II – 1 – 1 – Obtention des cellules :

L'ensemble des cellules spléniques et ombilicales utilisées dans cette étude sont obtenues en accord avec le comité d'éthique des hôpitaux universitaires de Montpellier.

A – Purification des cellules B spléniques CD19+ :

Ces cellules sont obtenues à partir de fragments de rate humaine provenant de donneurs sains (Service de Chirurgie Digestive, CHU Saint Éloi, Montpellier, France). Les cellules spléniques CD19+ sont hautement purifiées (pureté > 98%) par sélection positive en utilisant des billes magnétiques (diamètre << 0.5μm) coatées avec des anticorps spécifiques au CD19 et un tri cellulaire magnétique préparatif (Miltenyi Biotech, Bergisch Gladbach, Germany) (Pène *et al.*, 2004), En bref, cette séparation se fait en trois étapes voir figure 14.:

- Etape 1 : Marquage magnétique : les cellules sont marquées avec les microbeads MACS ® (20μl de billes CD19+ sont ajoutées pour 10×10^6 de cellules de rate humaines) pendant 30 min d'incubation avec agitation rotative à 4°C, puis filtrées sur tamis de 100μm (afin d'éliminer les agrégats).

- Etape 2 : Séparation magnétique: Les cellules marquées sont retenues au cours de leur passage dans des colonnes MACS Miltenyi Biotech (25 MS) placées dans un champ magnétique d'environ 0,6 Telsa (séparateur). Ces colonnes sont remplies de fibres ferromagnétiques recouvertes d'une laque plastique qui évite un contact direct des cellules avec les fibres. Après plusieurs lavages au PBS, les cellules non marquées CD19- peuvent être récoltées comme fraction négative.

- Etape 3 : L'élution des cellules marquées : La colonne MACS est retirée du champ magnétique et les cellules marquées CD19 + qui étaient maintenues sont alors éluées par simple passage de PBS puis sous pression au moyen du piston de la colonne. Les cellules sélectionnées positivement gardent leur fonction et peuvent être utilisées directement, le détachement des billes biodégradables n'étant pas nécessaire.

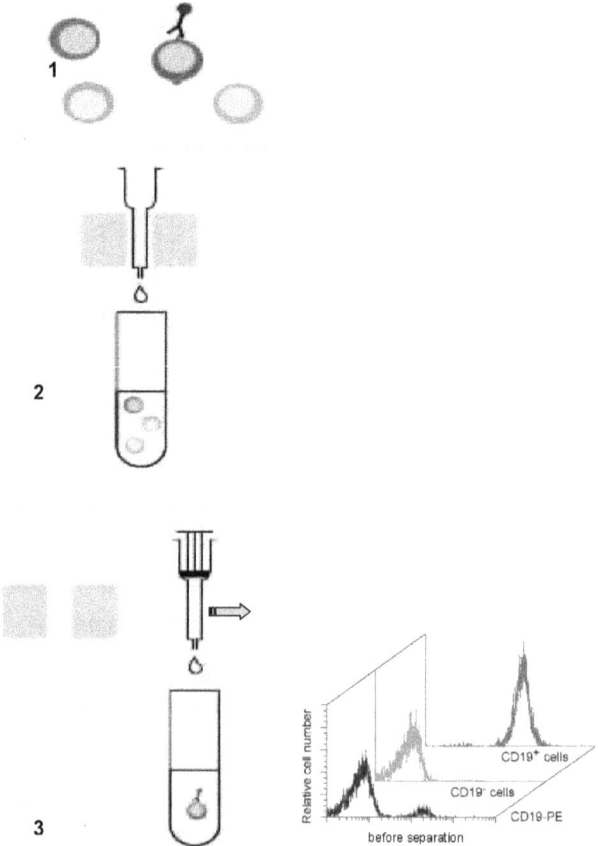

Fig. 14 : Purification des cellules par sélection positive en utilisant un tri magnétique préparatif

B – Séparation des cellules B naïves et mémoires par tri cellulaire:

Les cellules B naïves CD27$^-$ IgGs$^-$ et mémoires CD27$^+$ IgGs$^+$ sont purifiées par marquage des cellules B CD19$^+$ avec deux fluorochromes en utilisant des anticorps anti-CD27 conjugués à la PE (clone M-T271, BD Biosciences, San Jose, CA, USA) et des anticorps de souris anti-IgG humaines de surface cellulaire conjugués au FITC (BD Biosciences) (Scheffold *et al.*, 2002). Ces cellules sont ensuite triées avec un FACS Vantage$^®$ (BD Biosciences).

Les cellules non marquées et doublement marquées sont collectées dans deux tubes respectivement, après avoir été analysées puis déviées par l'appareil utilisant des gouttelettes chargées électriquement dans lesquelles se situent les cellules et sont divisées par un champ électrique permettant ainsi le regroupement de sous populations cellulaires pures. Les cellules sans intérêt sont éliminées (Figure 15). Nous avons utilisé une vitesse de tri minimale afin d'augmenter la qualité du tri (pureté, rendement et viabilité) qui diminue lorsque la vitesse du tri augmente.

C – Purification des cellules B naïves à partir du sang de cordon :

Le sang de cordon provenait du Service Maternité, CHU Arnaud de Villeneuve, Montpellier (France).

Les cellules B naïves CD19$^+$CD27$^-$ purifiées (pureté > 98%) ont été isolées par déplétion négative à partir de ce sang de cordon en utilisant la procédure des Rosettesep® (StemCell Technologies, Meylan, France). Le cocktail Rosettesep contient des anticorps dirigés contre les antigènes de surface : CD2$^+$, CD3$^+$, CD16$^+$, CD36$^+$, CD56$^+$, CD66b$^+$, exprimés par les cellules non B et couplés à des anticorps anti-glycophorine A. En se liant aux cellules non B porteuses des antigènes de surface cités ci-dessus et à la glycophorine A exprimée par les globules rouges, ces complexes d'anticorps permettent la formation d'immunorosettes de densité élevée que l'on peut éliminer par sédimentation sur une couche de Ficoll (Figure 16).

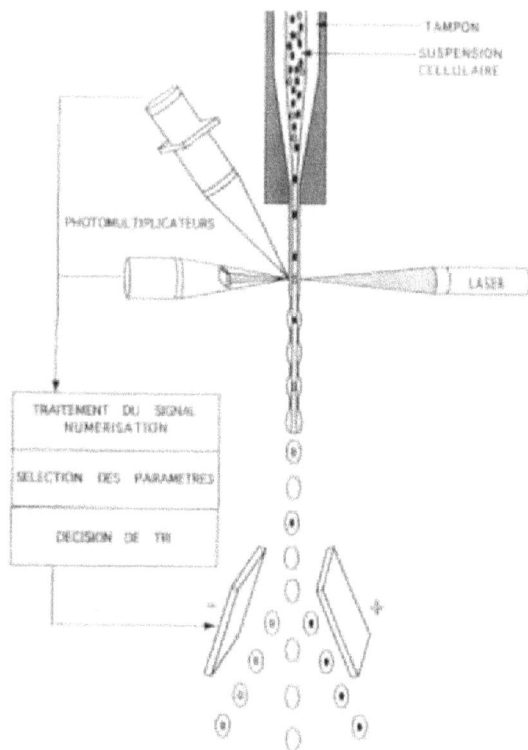

Fig. 15 : Schéma de fonctionnement d'un trieur de cellules

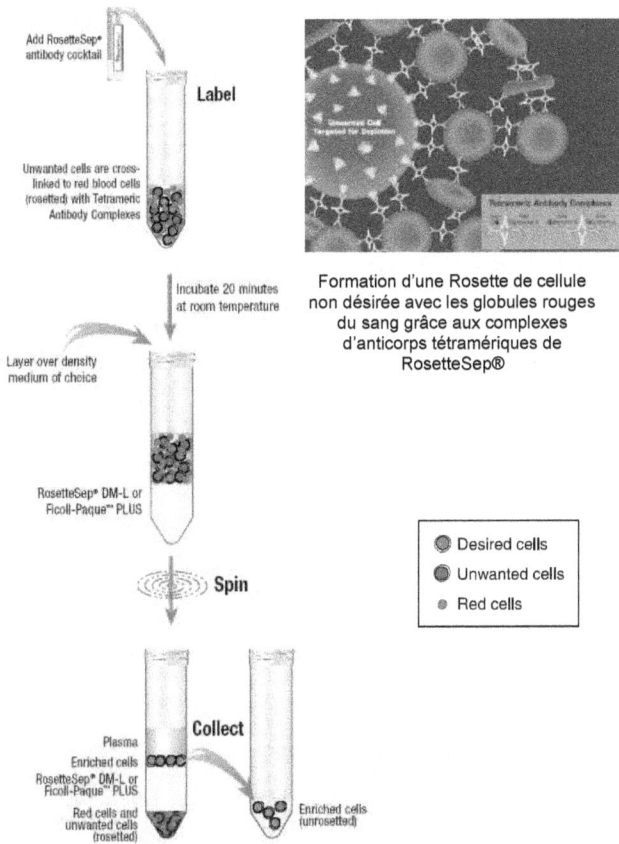

Formation d'une Rosette de cellule non désirée avec les globules rouges du sang grâce aux complexes d'anticorps tétramériques de RosetteSep®

Fig. 16 : Isolement des cellules B par la procédure des Rosettesep®

En bref, 50µl de ce cocktail sont ajoutés pour chaque ml de sang de cordon frais. Après 20 min d'incubation à température ambiante, l'ensemble est dilué V/V avec du PBS+2% SVF, en mélangeant doucement. Après ajout du Ficoll au fond du tube, ce dernier est centrifugé 5 min à 1000 t/min, puis 20 min à 3000 t/min. Les cellules B sont facilement collectées dans les anneaux enrichis à l'interface entre le plasma et le Ficoll.

D – Les lignées cellulaires BL-2 clone 20 : il s'agit de cellules B du lymphome de Burkitt, Epstein-Barr virus négatif qui contiennent tous les éléments de régulation du promoteur du germline Cε de l'IgE humaine (Berger *et al.*, 2001).

II – 1 – 2 – Culture cellulaire et étude de la réponse à l'IL-27 :

Des cellules de rate humaine précédemment isolées ont été congelées en DMSO 10% et conservées dans de l'azote liquide. Par la suite, elles ont été décongelées en ajoutant du PBS goutte à goutte puis centrifugées sur une couche de 2ml de sérum de veau fœtal ajouté doucement au fond du tube. Les cellules sont centrifugées à 1200 rpm pendant 7 min et à 4°C, resuspendues dans du PBS puis filtrées sur tamis cellulaire (Falcon, 100 µm).

La viabilité des cellules a été évalué par comptage au microscope optique sur lame Malassez en utilisant le bleu de trypan à 0.03%.

Ensuite, les cellules B ont été stimulées, pour la recherche des réponses prolifératives ou d'induction de la production d'Ig, comme suit :

-       Les Lc B humains CD19+ naïfs ou mémoires (10^6/ml) ont été mis en culture avec 1mg/ml d'anticorps monoclonal anti-CD40 (Acm 87) (Valle *et al.*, 1989), en présence ou en absence de différentes concentrations de l'IL-27 recombinante (IL-27r) (Schering Biopharma, Palo-Alto, CA, USA) dans des boites de culture de 96 puits à fonds plat (Nunc, Roskilde, Denmark) dans du milieu Yssel (Yssel *et al.*, 1984), supplémenté avec 10% SVF, en sextuplets dans un volume final de 200 ml.

- Pour comparaison, l'IL-21 et l'IL-10 (obtenues auprès des Dr. Don Foster, Zymogenetics, Seattle, WA, USA et Francine Brière, Schering-Plough, Dardilly, France, respectivement) sont ajoutées en parallèle.

- Pour examiner et rechercher l'effet de l'IL-27 sur la synthèse de l'IgE, l'IL-4 (donnée par le Dr Francine Brière) est ajoutée à la culture à raison de 20 ng/ml.

- Les réponses prolifératives ont été mesurées après 4 jours de culture à 37°C et à 5% de CO_2. Après 12 jours d'incubation, les surnageants de culture ont été collectés et la production des IgG et IgE est quantifiée par ELISA spécifique des différents isotypes.

- Pour la détermination de l'expression du récepteur à l'IL-27 tout au long des étapes de différenciation des cellules B, les splénocytes ont été mis en culture avec une lignée de fibroblastes de souris (voir figure 17), exprimant le CD40-L et irradiée (40 Gy), à raison de 40 cellules B pour 1 cellule L, en présence ou absence des cytokines exogènes. Les splénocytes ont été collectés à différentes périodes de la culture et analysés par immunofluorescence triple couleur et cytomètrie en flux.

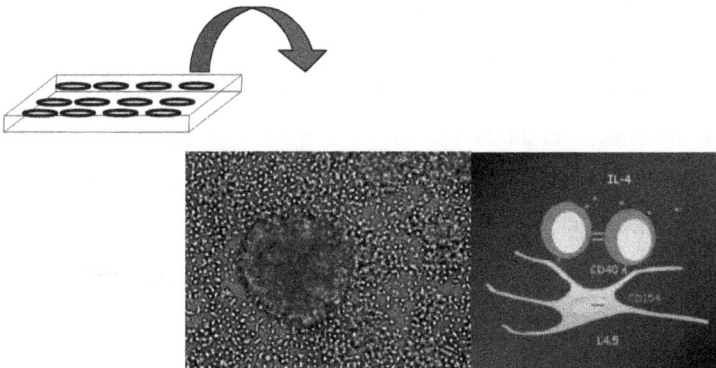

Fig. 17 : Le système de culture de cellules B *in vitro* dépendant de CD40L

II – 1 – 3 – Marquage de la surface cellulaire par immunofluorescence :

Le phénotype des différentes sous-populations présentes dans les suspensions cellulaires à chaque étape de la purification et la stimulation, est analysé par marquage membranaire direct ou indirect. Pour cela, des anticorps couplés à des fluorochromes (FITC qui émet dans le vert, PE qui émet dans l'orange et APC qui émet dans le rouge, voir figure 18) et dirigés contre diverses molécules membranaires exprimées par les cellules B permettent l'analyse simultanée de plusieurs d'entre elles. Des contrôles négatifs sont réalisés avec des anticorps non spécifiques couplés aux mêmes fluorochromes.

En bref, les cellules sont récoltées et transférées sur une plaque 96 puits à fond conique (Nunc, Rockilde, Danemark) à raison de 10^5 à 5.10^5 cellules/puits. A partir de ce stade, toutes les étapes se font à 4°C et l'abri de la lumière. Les plaques ont été centrifugées à 1000 rpm pendant 3' et les cellules en culot sont remises en suspension en vortexant la plaque entre chaque étape de marquage, trois lavages ont été effectuées avec 150 µl/puits de PBS 2% SVF / NaN_3 2mM (0,1%).

Les anticoprs reconnaissant les différents marqueurs à analyser (anticorps monoclonaux) sont ajoutés à raison de 10 µl/puits. La plaque est ensuite incubée 30 min à 4°C et à l'obscurité.

Enfin, dans le cas de marquages directs, 20 µl/puits (concentration : 25µg/ml) d'un anticorps de chèvre anti-IgG de souris conjugué (FITC, PE ou APC) (Caltag) sont ajoutés aux cellules qui sont incubées 20 à 30' à 4°C. Les cellules sont reprises dans 200 µl de PBS / 1%BSA ou SVF / NaN_3 2mM (0,1%) et transférées dans des tubes microniques (Micronic) pour le passage au cytomètre (FACSCan BD) et l'analyse avec le logiciel CellQuest.

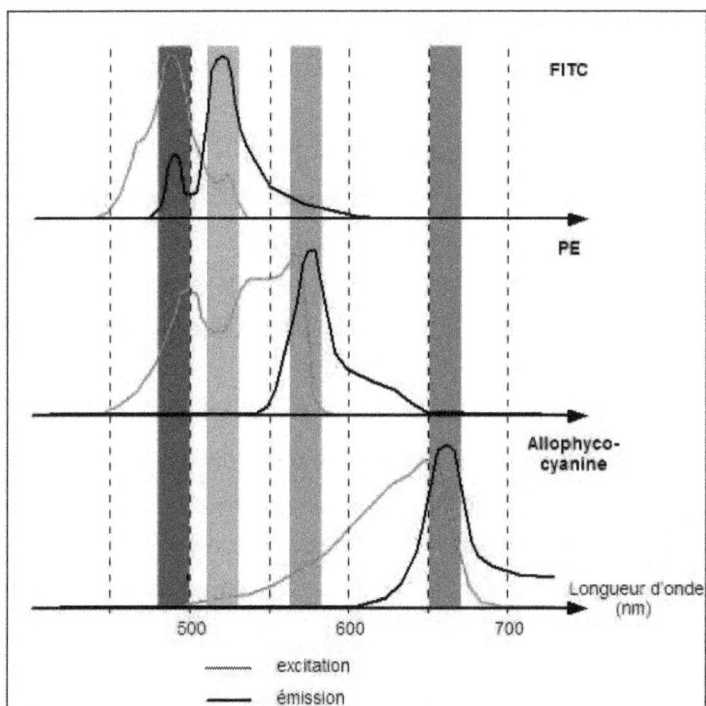

Fig. 18 : Spectres d'absorption et d'émission des fluorochromes FITC, PE
et APC

II – 1 – 4 – Analyse phénotypique par cytométrie en flux :

Les cellules sont analysées par le FACSCalibur (Becton Dickinson) par passage
de 5 à 100000 cellules. Les données sont traitées grâce au logiciel Cell-Quest
software (BD Biosciences, Mountain View, CA).

La cytométrie en flux est une technique d'analyse multiparamétrique sur
plusieurs milliers de cellules isolées. Les mesures simultanées de

caractéristiques physiques et biologiques sont effectuées isolément sur chacune d'entre elle lorsque, entraînée par un fluide au centre d'une veine liquide, la cellule diffracte la lumière.

L'intensité de la lumière diffractée dans l'axe (angle < 12°), est proportionnelle à la taille de la cellule (FSC : Forward scatter) ; celle diffractée à 90° est représentative de son contenu cytoplasmique (SSC : side scatter). Les signaux détectés par le système optique sont amplifiés, convertis en signaux électroniques puis en valeurs numériques. Elles sont analysées grâce à l'unité informatique du cytofluorimètre.

Après sélection des cellules dans la fenêtre d'acquisition G1 en fonction de leur taille (FSC) et de leur granulosité (SSC) afin d'éliminer les cellules mortes et les débris, l'intensité de fluorescence dans chaque couleur (FL1 et FL2 ou FL4) est analysée. Elle est proportionnelle à l'intensité d'expression des antigènes à la surface des cellules. Pour un double marquage, on regarde, par exemple, les cellules qui expriment fortement les marqueurs analysés en FL1 et FL2, regroupées dans la région R1 (voir figure 19).

L'affichage simultané des paramètres, FSC, SSC traités par le logiciel, visualise chaque cellule sur écran sous forme de point. C'est le cytogramme, nuage de signaux punctiformes qui apparaît. D'autres paires de signaux comme FSC et Fluorescence peuvent être considérées, de nouveaux points apparaissent représentant chacun une cellule en fonction de sa taille et de la fluorescence qui lui est associée. La relation entre la population de la zone d'intérêt et la fluorescence nécessite une autre présentation des données. Elles sont représentées par des histogrammes de distribution de fréquence : l'axe horizontal correspond à l'étendue des canaux, l'axe vertical au nombre de cellules par canal. L'intensité de fluorescence au-delà de laquelle les cellules sont considérées comme positives pour un anticorps donné, est fixée par rapport à des témoins.

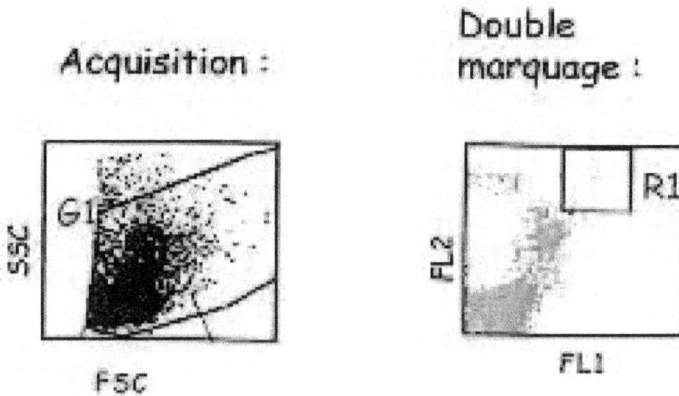

Fig. 19 : Principe de l'analyse en cytométrie en flux.
Une fenêtre « G1 » est réalisée sur la taille (FSC) et la granulosité (SSC) afin
d'éliminer les débris et les cellules mortes. Pour un double marquage, les
cellules sélectionnées dans G1 expriment les deux marqueurs analysés en FL1
et FL2 dans la région R1.

Cette méthodologie a été appliquée aux analyses suivantes :
- La pureté des cellules B CD19+ isolées (5×10^4 cellules par marquage) est
déterminée par analyse en cytométrie en flux en utilisant des anticorps
monoclonaux spécifiques des cellules T et B (CD2, CD3 et CD20) (BD
Biosciences). Quant aux cellules triées naïves (CD27$^-$sIgG$^-$) et mémoires
(CD27$^+$sIgG$^+$), elles sont re-analysées pour le contrôle de leur pureté.

- L'expression du récepteur de l'IL-27 sur les cellules BL2 clone 20 a été déterminée par cytométrie en flux, après marquage des cellules avec l'anticorps monoclonal anti-TCCR humain (clone 191115, R&D systems Europe, Abingdon, United Kingdom) ou l'anticorps monoclonal anti-gp130 (clone AN-G30: (Lelièvre *et al.*, 2001)), tous deux à une concentration de 20µg/ml. En parallèle, des contrôles isotypiques sont utilisés : IgG2b ou IgG1 (BD Biosciences), suivis d'une incubation des cellules avec l'IgG de chèvre anti-F$_{(ab')2}$ de souris conjugué au PE (Caltag, Burlingame, CA, USA).

- L'expression du récepteur de l'IL-27, par les cellules B naïves et mémoires dans la population de splénocytes totaux, est déterminée par triple marquage en cytométrie en flux sur une population sélectionnée par leur taille et granulométrie dans une fenêtre. La procédure de marquage est identique à celle utilisée pour les cellules BL2 incluant une incubation des cellules avec l'IgG1 de souris (25 mg/ml: SouthernBiotech, Birmingham, AL, USA) pour éviter toute liaison non spécifique des anticorps monoclonaux avec l'anticorps IgG de chèvre anti-souris conjugué au PE. Finalement, un anticorps monoclonal anti-CD3 APC et un anticorps monoclonal anti-CD27-FITC (tous deux BD Biosciences) sont additionnés simultanément dans le but d'éliminer les cellules CD3+ et d'identifier les populations de cellules B naïves et mémoires.

- L'expression des molécules de surface cellulaire, indiquant le switch isotypique et la différenciation des cellules B, est analysée par cytométrie en flux par triple marquage en utilisant des préparations de cellules non séparées et des combinaisons d'anticorps monoclonaux anti-CD3 APC et un anti-CD38 FITC avec les anticorps monoclonaux PE suivants : anti-IgGs PE, anti-IgDs PE, anti-CD20 PE et anti-CD27 PE (tous BD Biosciences).

II – 1 – 5 – Mesure de la prolifération :

La prolifération cellulaire est évaluée par mesure de la synthèse d'ADN. Les cellules sont incubées en présence d'un précurseur marqué de l'ADN (^{3}H-thymidine). Son incorporation est quantifiée en mesurant la quantité totale d'ADN marqué qui est directement proportionnelle au nombre de cellules en division dans la culture.

En bref, les réponses prolifératives des cellules B sont déterminées comme suit :

- Incorporation de la thymidine : Après 4 jours de culture des cellules B stimulées, 37 kBq de thymidine tritiée ([^{3}H]TdR, Amersham-France, Les Ulis, France) est additionné dans un volume de 10 µl de milieu de culture.

- Mesure de la radioactivité : Après incubation de 18h, les cellules ont été lavées puis lysées et le lysat absorbé sur un filtre de fibre de verre par un collecteur de cellules automatique (Tomtec, Orange, CT, USA). La radioactivité incorporée par l'ADN cellulaire est mesurée à l'aide d'un compteur à scintillation microbeta Trilux (Wallac, Turku, Finland). Les mesures ont été faites en triplicats et les résultats exprimés par la moyenne des triplicats ± la déviation standard.

II – 1 – 6 – Dosage des Immunoglobulines :

La sécrétion des IgE ainsi que des différentes sous-classes d'IgG (IgG1, IgG2, IgG3 et IgG4) dans les surnageants de culture est déterminée par test ELISA indirect spécifique des isotypes (Pène *et al.*, 2004). Le principe de l'ELISA est le suivant : la molécule recherchée (ici les Ig humaines) se lie à un anticorps spécifique (Acm anti-Ig) qui tapisse les puits d'une plaque de dosage ; Les molécules éventuellement liées résistent au rinçage puis sont la cible d'un deuxième anticorps spécifique couplé à une enzyme qui en réagissant avec un substrat incolore produit un composé coloré dont la quantité est proportionnelle à celle de la molécule recherchée.

En bref, des plaques à 96 puits à fonds plats (Nunc) sont coatées à 4°C pendant 18h avec 100µl/puits d'anticorps anti-Ig humaines spécifiques dilués dans un tampon carbonate/bicarbonate de sodium 0,05M, pH 9,6 aux dilutions suivantes : au 1/500 pour les Acm murins (SKYBIO) utilisés pour la détection des IgG1, et 1/1000 pour les Acm anti-IgG2, 3 et 4 ; et 1/8000 pour les anticorps de lapin anti-IgE humaine (DAKO).

Après trois lavages en PBS pH 7,2 + tween 20 0,05%, les plaques sont de nouveau incubées pour 30 minutes à température ambiante avec 200µl de tampon PBS avec 2% de BSA pour la saturation des sites de liaison non spécifique des protéines au plastique (blocking).

Des dilutions appropriées, en PBS+BSA 0,5%, des surnageants de cultures sont ajoutées pour 18 heures à 4°C, parallèlement à des dilutions en série de gammes standards générées à partir d'un lot de sérums humains standardisés et dosés pour leur contenus en sous-casses d'IgG et en IgE (Dade Behring).

Après incubation, les plaques sont lavées trois fois et mises en présence des Ac de détection. Cette seconde étape d'incubation de 2h à 20°C, se fait, pour les sous-classes d'IgG, au moyen d'un Ac polyclonal de chèvre conjugué à la phosphatase alcaline (SIGMA) anti-IgG totales humaines dilué au 1/4000 en PBS-BSA 0,5% pour la mesure des IgG1 et au 1/2000 pour celle des IgG2, IgG3 et IgG4. Les IgE sont détectées par l'ajout d'un Acm de souris anti-IgE (Acm 127, Schering-plough) dilué au 1/10000 pendant 2h à 20°C, suivi d'un Ac de lapin anti-souris conjugué à la phosphatase alcaline (DAKO) dilué au 1/2000. La révélation est alors réalisé selon une réaction colorimétrique par une incubation des plaques avec 100µl/puits d'un substrat chromogène (4-nitro-phényl phosphate, SIGMA-104) à 1mg/ml en tampon diethanolamine 0,1M, pH 9,8. Après au moins 30 minutes d'incubation à 37°C, la densité optique est mesurée par spectrophotométrie à 405 et à 490 nm dans un lecteur de plaques (Microplate Reader, Dynatech). Le résultat final a été exprimé en ng/ml par extrapolation relativement à la gamme d'étalonnage réalisée en parallèle avec du sérum humain standard (Behring).

II – 1 – 7 – Analyse de l'activité du promoteur du gène Cε (IgE):

Les cellules BL-2 clone 20 contiennent non seulement tous les éléments de régulation du promoteur du germline Cε de l'IgE, mais de plus, il s'agit d'une lignée qui a été transfectée avec un gène rapporteur (celui de la luciférase) lié au promoteur du germline epsilon. L'activation de ce dernier va induire la transcription du gène codant pour la protéine luciférase (voir figure 20). Le taux d'expression de la protéine luciférase est quantifié par une mesure de l'activité lumineuse grâce à un luminomètre.

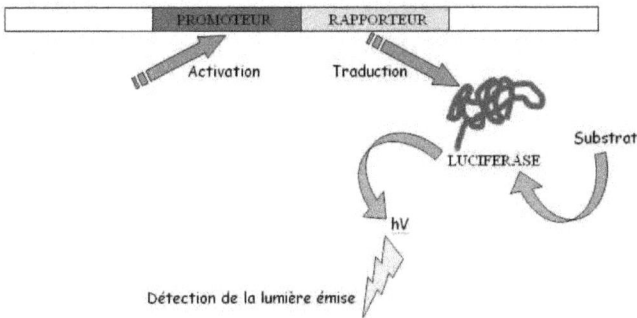

Fig. 20 : Activation du promoteur en tandem avec la traduction du gène rapporteur de la luciférase

Ces cellules BL2-clone 20 sont mises en culture à raison de 10^6 cellules/ml dans des plaques de culture à 96 puits à fond plat (Nunc) et incubées avec 1 mg/ml d'anticorps anti-CD40 conjugués avec l'IgG de chèvre anti-souris (1 mg/ml, Calbiochem, Burlingame, CA, USA) et avec 20ng/ml d'IL-4 recombinante, en présence et en absence de l'IL-27 recombinante. L'IFNγ recombinant (R&D systems) est additionné à une concentration de 50 à 100 ng/ml.

Après 24, 48 et 72 h d'incubation, les cellules sont récupérées puis lysées en ajoutant au culot cellulaire 100µl de tampon de lyse (Tris HCl pH 7,8 15 mM, KCl 60 mM, NaCl 15 mM, EDTA 2 mM, DTT 1mM, spermine 0,15mM) et en vortexant vigoureusement.

L'activité luciférase est déterminée en utilisant le système de test dual luciférase reporter (Promega France, Charbonnière, France) dans un luminomètre Lumat (Berthold, Bad Wildbad, Germany) dans lequel 100µl de Mix-luciférase (stock Solution EDTA 0.125 mM, MgSO4 4,67 mM, DTT 41,25 mM, CoA 0,34 mM, ATP 0,66 mM, Luciférine 0,59 mM et Tris acétate pH 7,8 25 mM) sont ajoutés automatiquement à 40µl du lysat cellulaire. En dehors de l'enzyme, la luciférase, et du substrat principal, la luciférine, l'adénosine triphosphate (ATP) représente un cofacteur nécessaire à la réaction de bioluminescence (voir figure 21).

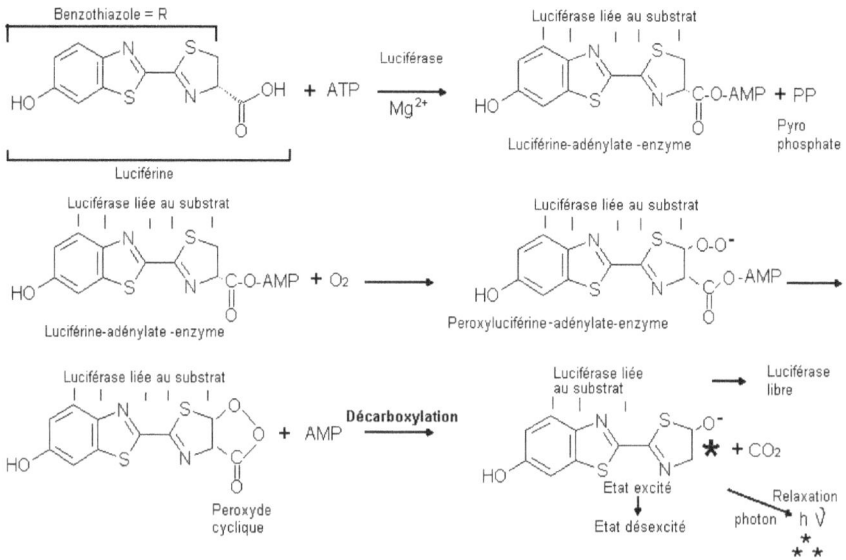

Fig. 21 : Réactions chimiques responsables de la luminescence

II – 1 – 8 – Détection des transcrits germinaux γ1 par RT-PCR :

- Extraction et isolement des ARN totaux : Les cellules B CD19+ (environ $5x10^6$ cellules/condition) sont récupérées après 3 et 6 jours de culture (avec ou sans l'IL-27 ou l'IL-21). Elles sont lysées avec 1ml d'une solution contenant de l'isothiocyanate de guanidium et du phénol (Trizol, GIBCO-BRL). L'ARN total est purifié par des extractions au phénol, puis au chloroforme, pour être enfin précipité par l'éthanol. L'ARN purifiée est quantifiée au spectrophotomètre à 260 nm, sa qualité et sa pureté sont estimées à partir du rapport des absorptions 260/280nm, ainsi que par sa visualisation sur gel d'agarose. L'ADN est ensuite digéré par de la DNAse RNAse free, à 37° pendant 1 heure, afin d'éliminer toute trace d'ADN génomique.

- Transcription inverse et amplification génique : La reverse transcription de l'ARN, synthèse de l'ADNc, est réalisée en ajoutant à 5μg d'ARN, de l'oligo dT, en dénaturant brièvement à 65° pendant 10 minutes, puis en ajoutant de la transcriptase inverse MLV (Moloney murine leukemia virus), des dNTP et de l'inhibiteur de RNAse dans un volume de 25 μl. La réaction s'effectue à 42° pendant 1 heure, suivie d'une dénaturation à 65° pendant 10 minutes.

L'ADNc (équivalent à 1μg d'ARN) est amplifié en présence de Taq Polymérase, d'amorces spécifiques sens et antisens et de dNTP, dans 20μl de réaction. Les séquences nucléotidiques des amorces pour amplifier les transcrits germinaux Cγ1 sont les suivantes :

5'Iγ1 : 5'GGGCTTCCAAGCCAACAGGGCAGGACA
3'Cγ1 : 5'GTTTTGTCACAAGATTTGGGCTC

La PCR (Polymerase Chain Reaction) correspond à l'amplification d'une séquence nucléotidique spécifique d'un gène d'intérêt. En présence d'une ADN polymerase (Taq Polymerase), d'un couple d'amorces (« primer ») sens et antisens de la séquence du gène étudié, de dNTP, la séquence étudiée est amplifiée à la suite de nombreux cycles d'hybridation, d'élongation et de dénaturation.

Chaque réaction de PCR est dénaturée à 95° pendant 5' et soumise à une amplification en utilisant un thermocycleur (Perkin Elmer 9700) pendant 35 cycles de 30' à 94°, 30' à 60° puis 30' à 72° pour le germlineγ1 et 25 cycles pour la βactine. Les produits de PCR sont visualisés par electrophorèse de gel d'agarose coloré au BET (bromure d'éthidium) pour déterminer la taille du fragment amplifié par rapport à un marqueur de poids moléculaire.

I – 2 – ETUDE CLINICOBIOLOGIQUE DE L'ASTHME ALLERGIQUE A ANNABA :

Cette étude a porté essentiellement sur les explorations biologiques réalisées suite à un prélèvement sanguin, effectué chez des enfants atteints d'asthme allergique. Ces explorations concernent principalement les dosages de l'IgE et ont été effectué dans les laboratoires suivants :

- Les prélèvements ainsi que les dosages des IgE totales (IgEt), des IgE spécifiques (IgEs) à un mélange de 10 pneumallergènes et la détermination de l'éosinophilie ont été réalisés au niveau des laboratoires d'analyses biochimiques médicales (CHEKAT et BENSALAH, Annaba, Algérie). Ces prélèvements sont suivis très rapidement d'une centrifugation 10 min à 1200 rpm.

- Quant aux dosages des IgEs (D1, I6, mélanges et composants de FP5 et FP15) ainsi que le dosage de l'ECP, ils ont été réalisés au niveau du laboratoire d'immunologie (Faculté de médecine et de pharmacie, CHU Clermont-Ferrand, France).

II – 2 – 1 – Patients :

Cette étude concerne soixante-quinze patients Algériens asthmatiques âgés entre 4 à 18 ans (moyenne de 9 ans) et répartis à raison de 47 de sexe masculin et 28 de sexe féminin (sex-ratio 1,64 en faveur des garçons). Ces enfants ont été inclus par des médecins spécialistes (ORL, pédiatres et pneumologues) dans plusieurs centres hospitaliers et cabinets privés de la ville d'Annaba. Ces enfants habitent tous la banlieue ou le centre ville d'Annaba (Nord-Est du pays). La topographie est dominée par des collines et des montagnes ce qui entraîne une faible dispersion des polluants et des allergènes aéroportés.

Lors de la consultation, un interrogatoire a été réalisé par le médecin traitant, permettant de remplir une fiche de renseignements préétablie (voir Annexe). Les informations recueillies à partir du questionnaire concernent :

a)   l'âge,

b)   le sexe,

c)   le tableau clinique,

d)   les manifestations atopiques familiales

e)   les manifestations atopiques personnelles associées à l'hyperréactivité bronchique,

Le questionnaire englobe également d'autres informations sur l'environnement intérieur, à savoir :

a)   animaux domestiques

b)   foyer humide,

c)   tabagisme passif

II – 2 – 2 – Dosage des IgE sériques totales :

Nous avons réalisé ce dosage à l'aide du système d'immunoanalyse Access de Beckman Coulter ~TM~. Ce test Access total IgE est un test immunoenzymatique séquentiel en deux étapes (type « sandwich ») (Addison), mais utilise un anticorps marqué par une enzyme à la place du traceur radiomarqué.

Un échantillon est déposé dans un réacteur avec des particules paramagnétiques sensibilisées avec des complexes anticorps (chèvre) anti-souris – anticorps souris anti-IgE. Les IgE contenues dans l'échantillon se lient aux anticorps souris anti-IgE sur les particules.

Après incubation dans une cuvette réactionnelle, la séparation dans un champ magnétique et le lavage éliminent les produits non liés à la phase solide. Un anticorps (cheval) anti-IgE conjugué à de la phosphatase alcaline est alors ajouté et il se lie aux IgE précédemment fixées sur les particules.

Après une seconde étape de séparation et de lavage, un substrat chimioluminescent (Lumi-Phos 530) est incorporé et la lumière générée par la réaction est mesurée à l'aide d'un luminomètre. La production de lumière est directement proportionnelle à la concentration d'IgE présente dans l'échantillon. La quantité d'analyse présente dans l'échantillon est déterminée à l'aide d'une courbe de calibration multi-points mise en mémoire.

Les résultats des tests des patients sont déterminés automatiquement par le logiciel du système qui utilise un modèle mathématique courbe logistique pondéré à quatre paramètres. La quantité d'analyte présente dans l'échantillon est déterminée d'après la production de lumière mesurée au moyen des données de calibration en mémoire.

Les quantités détectées sont de l'ordre du nano gramme et les résultats sont rendus en UI/ml (1 UI/ml correspond à 2,4 ng d'IgE). Les valeurs normales sont résumées comme suit :

- 0,01-60 UI/ml de 1 à 5 ans ;
- 0,01-90 UI/ml de 6 à 9 ans ;
- 0,01-200 UI/ml de 10 à 15 ans ;
- 0,01-100 UI/ml pour plus de 15 ans

II – 2 – 3 – Dosage des IgE sériques spécifiques :

A – Mélange de pneumallergènes : Il s'agit d'un mélange d'allergènes les plus fréquemment rencontrés dans l'allergie :

- Bouleau (T3),
- Olivier (T9),
- Dactyle (G3),
- Pariétaire (W21),
- Armoise (W6),
- Chat (E1),
- Chien (E2),
- Dermatophagoïdes pteronyssinus (D1),
- Alternaria (M6)
- Blatte (I6).

Ce dosage Vidas Stallertest est un test qualitatif automatisé sur le système VIDAS (Sohn *et al.*, 2005),qui détecte la présence des IgE humaines spécifiques d'un mélange défini d'allergènes, dans le sérum.

Le principe du dosage associe la méthode immunoenzymatique à une détection finale en fluorescence. Le cône à usage unique sert à la fois de phase solide et de système de pipetage. Les autres réactifs de la réaction immunologique sont prêts à l'emploi et pré-répartis dans la cartouche.

Toutes les étapes du test sont réalisées automatiquement par l'instrument. En bref, l'échantillon est prélevé puis, après dilution, maintenu en contact avec le cône sur lequel 10 allergènes spécifiques ont été fixés. Le cône se déplace ensuite dans le puits contenant l'anti-IgE humaine marquée à la phosphatase alcaline (conjugué). Ces opérations permettent aux IgE spécifiques de se lier d'une part aux allergènes fixés à l'intérieur du cône et d'autre part, au conjugué anti-IgE, formant ainsi un sandwich indirect.

Des étapes de lavage constituées d'une succession de cycles d'aspiration/refoulement du milieu réactionnel éliminent les composés non fixés et non spécifiques.

Lors de l'étape finale de révélation, le substrat (4-Méthyl-ombelliferyl phosphate) est aspiré puis refoulé dans le cône ; l'enzyme du conjugué catalyse la réaction d'hydrolyse de ce substrat en un produit (4-Méthyl-ombelliferone) dont la fluorescence émise est mesurée à 450 nm. La valeur du signal de fluorescence est proportionnellement à la concentration des IgE présentes dans l'échantillon.

A la fin du dosage, « une valeur du test » (VT) est calculée automatiquement par l'instrument par rapport au standard S1 mémorisé, puis imprimé.

Dès le test terminé, les résultats sont analysés automatiquement par le système informatique. L'instrument effectue deux mesures de fluorescence dans la cuvette de lecture pour chacun des tests. La première lecture prend en compte le bruit de fond dû à la cuvette substrat avant mise en contact du substrat avec le cône. La seconde lecture est effectuée après incubation du substrat avec l'enzyme présente dans le cône.

Le calcul de la RFV (Relative Fluorescence Value) est le résultat de la différence des deux mesures. Il apparaît sur la feuille de résultats. La valeur du test ainsi que l'interprétation figurent sur la feuille de résultats. L'interprétation en fonction de la valeur du test est la suivante :

Valeur du test	Interprétation
<0,50	Négatif
≥ 0,50 à <0,70	Equivoque
≥ 0,70	Positif

B – Pneumallergènes individualisés : Nous avons également déterminé les IgEs sériques dirigées contre deux pneumallergènes individualisés :

-        D1 : Dermatophagoides pteronyssinus ;

-        I6 : Blattela germanica

Ces dosages utilisent un coffret universel IgEs (Immulite 2000, DPC). Celui-ci intègre les composants et les caractéristiques d'un dosage méthode Ligand/anti-Ligand (Streptavidine/biotine) (Guilloux & Hamberber, 2004), voir figure 22.

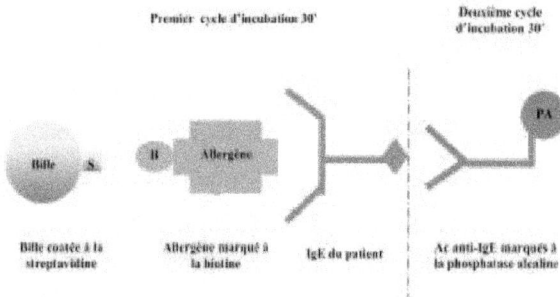

Fig. 22 : Principe du dosage des IgE spécifiques par Immulite 2000 (DPC)

L'anticorps à doser et l'allergène ne sont pas fixés sur une bille, mais ils se trouvent en solution dans un tube code barré, placé à l'intérieur d'une cartouche allergènes sur le carrousel des réactifs. En bref, pour effectuer les dosages des patients, charger les éléments suivants dans l'appareil :

- Les échantillons des patients à doser : sur le carrousel échantillon

- Les tubes allergènes spécifiques code barrés : dans une cartouche allergène dans le carrousel des réactifs (ces tubes contiennent les allergènes marqués à la biotine).

Dans notre cas nous avons utilisé les allergènes suivants :

- La cartouche de billes universelles IgE spécifiques : dans le carrousel des billes (elle contient 200 billes coatées à la streptavidine ; chaque kit contient trois cartouches).

- La cartouche de réactifs universel IgE spécifiques : dans le carrousel des réactifs (elle contient 600 tests d'anticorps anti-IgE marqués à la phosphatase alcaline)

Le test est réalisé en deux cycles (60 minutes) :

Au début du premier cycle, le sérum du patient qui contient les IgE spécifiques et l'allergène marqué à la biotine sont distribués simultanément dans un godet réactionnel contenant une bille coatée à la streptavidine et incubés 30 minutes à 37°C sous agitation constante, voir figure 23.

Pendant cette incubation, la biotine de l'allergène va se lier à la streptavidine de la bille et les IgE spécifiques du patient à l'allergène. Au terme de cette incubation de 30 minutes, la bille est lavée pour éliminer toutes les IgE non liées. Les IgE liées sont donc celles qui sont spécifiques à l'allergène.

Au début du deuxième cycle, l'anticorps anti-IgE marqué à la phosphatase alcaline (qui se trouve dans la cartouche réactifs) est distribué sur la bille lavée, et le godet réactionnel repart pour une incubation de 30 minutes à 37°C sous agitation constante. Pendant ce temps, les anticorps anti-IgE se lient au complexe : IgE spécifiques du patient-allergène biotinylé-bille coatée à la streptavidine. A la fin de cette seconde incubation, la bille est lavée pour éliminer les anticorps anti-IgE non liés. Puis distribution du substrat, incubation de 5 minutes à 37°C sous agitation constante.

La réaction de chimiluminescence est lue par le photomultiplicateur, et l'intensité lumineuse est donc proportionnelle à la concentration d'anticorps spécifiques dans le sérum du patient.

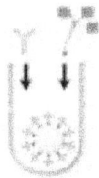

Serum and allergens incubate with ligand-coated bead.

Liquid allergens bind to serum antibodies and to the ligand-coated bead.

Antibody conjugate binds to serum IgE.

Substrate initiates chemiluminescent reaction.

Fig. 23 : Etapes du dosage des IgE spécifiques (Immulite 2000)

C – Mélanges de trophallergènes et trophallergènes individualisés : Nous avons déterminé par la même méthode précédente (Immulite 2000, DPC) les IgEs sériques dirigées contre deux mélanges alimentaires et en cas de positivité des IgEs des mélanges, le dosage des IgEs individuelles dirigées contre les composants du mélange a été réalisé a posteriori.

- FP5 permettant de détecter les allergies alimentaires fréquentes du petit enfant vis à vis de F13 : arachide, F4 : blé, F2 : lait de vache, F3 : Morue, F1 : blanc d'œuf, F14 : soja;

- FP15, est un mélange de fruits composé de FP33 : orange, F49 : pomme, F92 : banane, et F95 : pêche.

Les résultats de l'ensemble des dosages effectués par immulite 2000 sont générés à partir d'une courbe « point par point » mémorisée et d'un ajustement correct et exprimés en KU/L ou en mUI/mL.

Le niveau de l'allergie est exprimé de deux façons :

- en concentration de l'IgE en kU/L ;

- en Classe (chaque classe correspond à un intervalle de concentration), comme suit :

Classe 0 : < 0,35	Classe 3 : 3,5 - 17,5	Classe 6 : > 100
Classe 1 : 0,35 - 0,7	Classe 4 : 17,5 - 52,5	
Classe 2 : 0,7 - 3,5	Classe 5 : 52,5 - 100	

II – 2 – 4 – Dosage de la protéine cationique de l'éosinophile :

Cette protéine, dont la demi-vie est très courte (de l'ordre de 65 min), est dosée par chimioluminescence, comme décrit précédemment dans l'Immulite 2000 (DPC) (Advenier *et al.*, 2002). La valeur normale est de 20ng/ml.

II – 2 – 5 – Détermination de l'éosinophilie :

Un prélèvement sanguin recueilli sur EDTA est nécessaire pour la détermination de la formule leucocytaire. Après réalisation du frottis par étalement d'une goutte de sang, sa fixation au méthanol pendant 2 à 3 minutes, et sa coloration par le colorant de May-Grünwald-Giemsa, le pourcentage des éosinophiles est établi en dénombrant au microscope (grossissement 400) au moins 200 cellules, toutes catégories leucocytaires confondues. L'éosinophilie est exprimée en valeur absolue (Nombre d'éléments/µl), après avoir effectué une numération globulaire avec un coulter. On considère que le nombre de 500 éléments/µl est la valeur seuil (Dutau, 2004).

II – 2 – 6 – Etude statistique :

Le coefficient de corrélation de Pearson ainsi que le test t de Student sont déterminés par le logiciel d'analyse statistique Minitab 13. Les différences entre les variables qualitatives ont été analysées par le test khi 2 et le test exact de Fisher par le logiciel SAS version 8.02. Une valeur de $p<0,05$ est statistiquement significative.

Chapitre III – RESULTATS ET DISCUSSION

III – 1 – EFFETS DE L'IL-27 SUR LA PRODUCTION ET L'EXPRESSION DES IMMUNOGLOBULINES

III – 1 – 1 – Expression du récepteur de l'IL-27 :

Il a été rapporté dans la littérature que les cellules B naïves et mémoires d'amygdales expriment le récepteur de l'IL-27, sans pour autant que ces cellules ne montrent une réponse proliférative accrue suite à leur stimulation par un Acm anti-CD40 en présence d'IL-27 (Larousserie *et al.*, 2006); nous avons, alors, recherché l'effet de cette interleukine sur les cellules B naïves du sang de cordon.

Pour cela, nous avons analysé, par immunofluorescence et cytométrie en flux, l'expression de son récepteur et plus précisément de ses deux sous unités : le TCCR et le gp130. L'expression de ces deux sous unités par les cellules B naïves purifiées du sang de cordon a été analysée par immunofluorescence et cytométrie en flux à deux couleurs associant un marquage des cellules avec un Acm anti-CD27FITC avec un marquage indirect metant en jeu des anticorps monoclonaux anti TCCR ou anti-gp130 humain et des IgG de chèvre (fragments $F_{(ab')2}$) anti-IgG de souris conjuguée à la PE.

Quant à l'étude de l'expression de l'IL-27R par les cellules B spléniques naïves et mémoires non séparées, les Lc T exprimant aussi les deux sous-unités de l'IL-27R, nous avons utilisé en plus un Acm anti-CD3-APC afin d'exclure ces derniers des analyses, comme expliqué en détail dans matériels et méthodes.

Le résultat est montré dans la figure 24 où on trouve que :

- Les cellules B naïves CD27- du sang de cordon expriment à leur surface les deux chaînes du récepteur, mais à des taux très bas.

- Par comparaison, les cellules B spléniques naïves et mémoires expriment aussi les deux chaînes du récepteur mais à des niveaux plus élevés que dans les cellules B naïves du sang de cordon.

- Cependant, les cellules B spléniques naïves CD27- expriment moins le TCCR et la gp 130 que les cellules B spléniques mémoires CD27+.

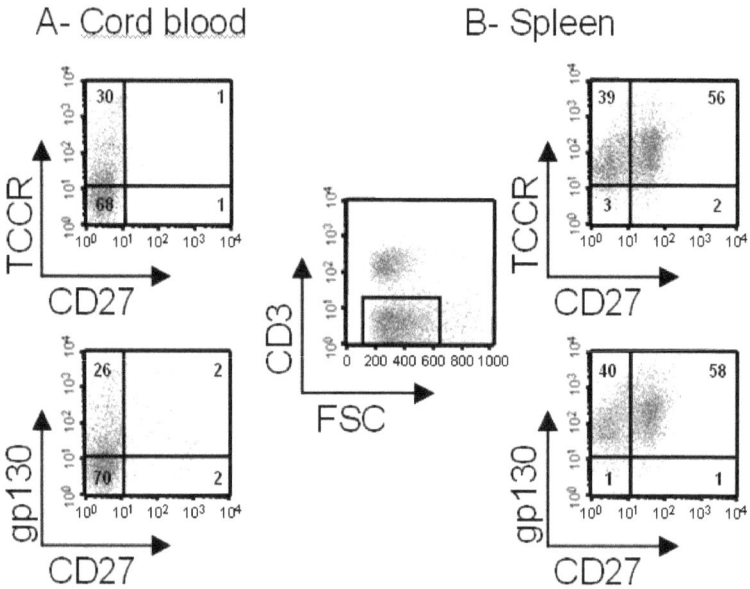

A- Cord blood

B- Spleen

Fig. 24 : Analyse par cytométrie en flux de l'expression des sous unités
(TCCR et gp130) du récepteur de l'IL-27 sur les cellules B naïves
(CD19+CD27-) du sang de cordon (A) et les cellules B naïves (CD27-) et
mémoires (CD27+) de la rate (B).

Nous montrons aussi que les niveaux d'expression des sous unités TCCR et gp130 par les cellules B purifiées du sang de cordon ne semblent pas être sensiblement affectés par la stimulation de ces cellules par l'intermédiaire du CD40 et cela ni au bout de 24h, ni même à 48h de culture (figure 25).

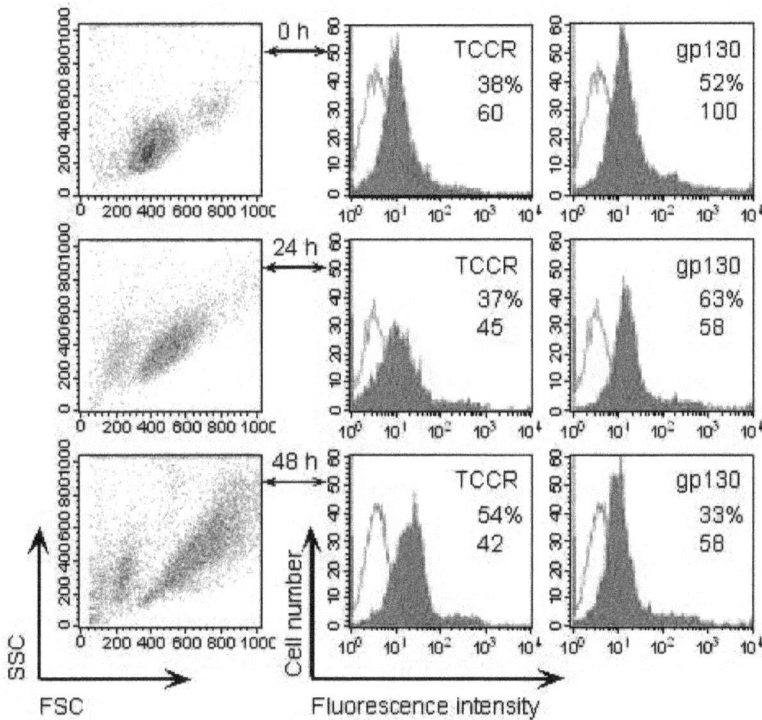

Fig. 25 : Expression des sous unités (TCCR et gp130) du récepteur de l'IL-27 par les cellules B du sang de cordon. Ces cellules sont activées durant 24 et 48h avec 10ng/ml d'IL-27r, en présence de lignées cellulaires transfectées avec le CD-40L.

L'activation de ces cellules ne semble donc pas moduler l'expression du TCCR ni celle du gp130. Toutefois, en dépit de ces très faibles taux d'expression du récepteur de l'IL-27 sur les cellules B naïves du sang de cordon CD19+CD27-, l'addition de doses croissantes d'IL-27 augmente la prolifération de ces cellules induite par leur stimulation avec 1µg/ml d'anticorps monoclonal anti-CD40 (en triplicatas, pendant 4 jours) (figure 26).

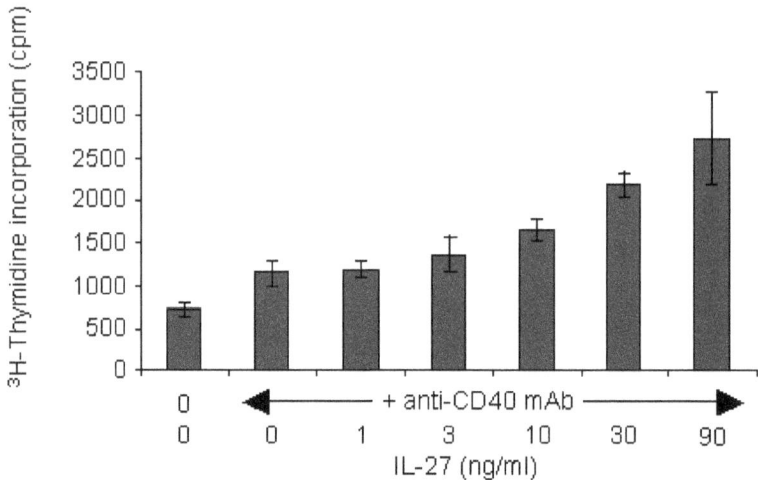

Fig. 26 : Prolifération des cellules B du sang de cordon, activées avec l'anticorps monoclonal anri-CD40, sous l'effet de doses croissantes d'IL-27. Les valeurs représentent les moyennes ± la variation standard.

Ce résultat indique que les cellules B naïves du sang de cordon expriment un récepteur fonctionnel de l'IL-27 et sont sensibles aux effets stimulateurs de cette cytokine.

III – 1 – 2 – Effet de l'IL-27 sur la commutation isotypique :

La capacité de l'IL-27 à moduler la production des IgG1, IgG2, IgG3 et IgG4 peut être étudiée in vitro en utilisant des cultures à court terme de cellules B naïves humaines purifiées. La mise à disposition de fragments de rates a permis d'isoler des cellules B spléniques en quantités suffisamment importantes pour purifier la population de cellules B naïves sur la base de l'absence concomitante de l'expression membranaire de la molécule CD27 et des IgG de surface (IgGs), ainsi que la population de cellules B mémoires commutées qui sont positives pour l'expression simultanée de ces deux marqueurs. Pour cela, nous avons adapté deux méthodes de tri cellulaire alliant des billes magnétiques ciblant les cellules B CD19+ et la cytométrie en flux basée sur un doble marquage par immunofluorescence au moyen d'Acm anti-IgG FITC et anti-CD27 PE.

Ainsi, l'analyse, après séparation des cellules B triées, montre que les cellules B naïves (CD27-sIgG -) et mémoires (CD27+sIgG+) sont équitablement représentées et que leur puretés respectives sont ≥ 98% et ≥ 96% (figure 27).

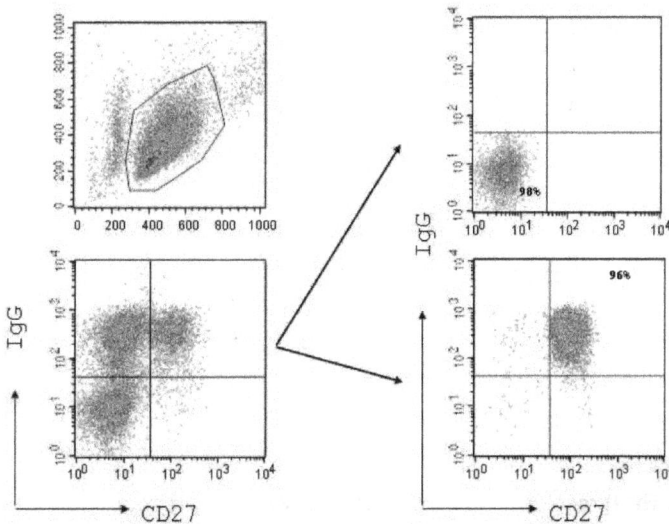

Fig. 27 : Analyse cytométrique des cellules B spléniques naïves et mémoires avant et après le tri. Le nombre dans le cadran indique le pourcentage des cellules CD27-IgGs- (98%) et CD27+IgGs+ (96%).

Les cellules B naïves CD19+CD27- ont été activées avec 1 µg/ml d'anticorps monoclonal anti-CD40 en absence ou en présence de concentrations croissantes d'IL-27r, et après 12 jours de culture, la production d'Ig a été analysée par ELISA spécifique de chaque isotype. On trouve que dans l'ensemble des expériences, l'IL-27r fait augmenter significativement, en fonction de la dose, la production d'IgG1 par les cellules B CD19+CD27-. Cet effet d'augmentation est spécifique à l'IgG1, car l'IL-27 n'a pas d'effet clair et reproductible sur la production des IgG2, IgG3 et IgG4 (figure 28).

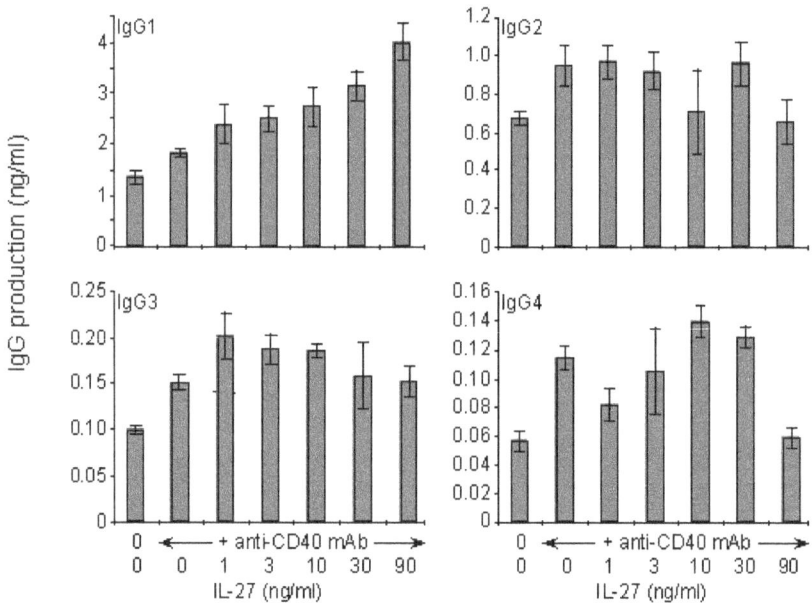

Fig. 28 : Effet de doses croissantes d'IL-27r sur la production des IgG1, IgG2, IgG3 et IgG4 par les cellules B spléniques naïves (CD19+CD27-).
Les valeurs représentent la moyenne de 5 expériences sur 3 échantillons de rate différents ± la variation standard.

Cependant, à la différence de l'IL-21r, qui est un facteur de commutation efficace pour induire la production d'IgG1 et d'IgG3 humaines, l'IL-27 augmente modestement et uniquement la production d'IgG1 et uniquement celle-ci (figure

28) avec une augmentation moyenne et maximale de 4 et 12 fois respectivement (résultat non montré).

Ainsi, contrairement à l'effet de l'IL-21, celui de l'IL-27 sur les cellules B spléniques naïves (CD27⁻sIgG⁻), purifiées à partir des cellules B CD19+ et activées avec 1µg/ml d'anticorps monoclonal anti-CD40, est restreint à la seule sous classe des IgG1 (figure 29).

Afin de rechercher si l'IL-27 agit comme un facteur de commutation isotypique pour l'induction de la production des IgG1 par les cellules B naïves, ces expériences ont été répétées en utilisant des cellules B naïves du sang de cordon (qui sont 100% CD19+CD27 -) et une seule dose optimale d'IL-27. L'IL-27 induit (quoique à des niveaux très bas) la production d'IgG1 par les cellules B du sang de cordon (CD19⁺CD27⁻) activées avec 1µg/ml d'anticorps monoclonal anti-CD40, tandis qu'elle n'affecte pas la production des autres sous classes d'IgG (figure 30).

Un résultat similaire est obtenu avec des cellules B spléniques stimulées par des cellules L transfectées avec le CD40L (résultat non montré). En revanche, l'IL-27r n'a aucun effet sur la production d'IgG1 par les cellules B mémoires CD19+CD27+ stimulées soit avec l'anticorps monoclonal anti-CD40 soit avec les cellules L exprimant le CD40L (résultat non montré).

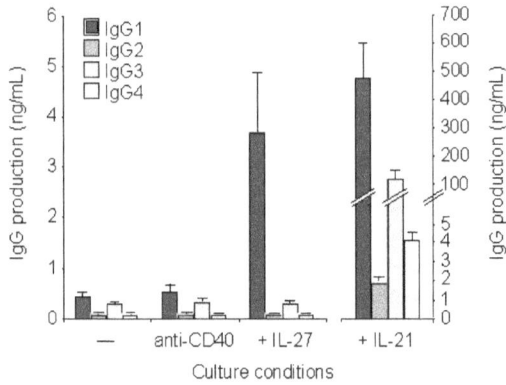

Fig. 29 : Production des IgG par les cellules B spléniques naïves CD19+CD27-IgGs- activées en absence et en présence de 10 ng/ml d'IL-27r ou d'IL-21r. Les valeurs représentent la moyenne de deux expériences utilisant deux échantillons de rate différents ± la variation standard.

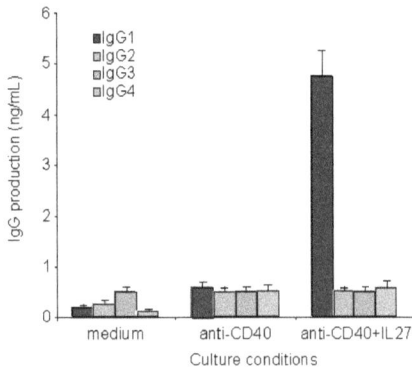

Fig. 30 : Production d'IgG par les cellules B naïves (CD19+CD27-) du sang de cordon stimulées avec l'anticorps monoclonal anti-CD40 en présence ou en absence de l'IL-27. Les valeurs représentent la moyenne de trois expériences utilisant trois échantillons de rate différents ± la variation standard.

Enfin, on a testé, par RT-PCR, la présence des transcrits germinaux à 3 et 6 jours de culture des cellules B spléniques CD19+, avec ou sans addition d'IL-21 ou d'IL-27. Cette dernière induit la transcription du gène Cγ1 au bout de 6 jours de culture, tandis que l'IL-21 semble plus rapide dans son induction des transcrits Cγ1 au bout de 3 jours seulement, voir figure 31.

Pris dans leur ensemble, ces résultats indiquent que l'IL-27 agit comme un facteur de commutation isotypique induisant spécifiquement la production d'IgG1 par les cellules B naïves humaines CD19+CD27- stimulées avec l'anticorps monoclonal anti-CD40.

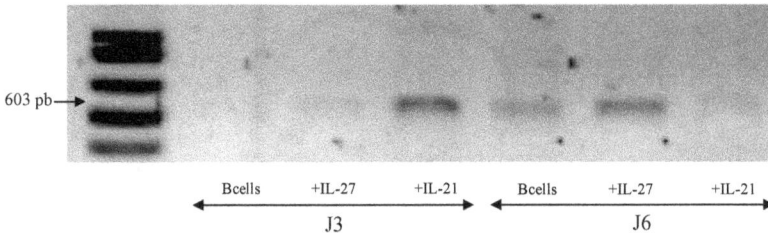

Fig. 31 : Effet de l'IL-27 et de l'IL-21 sur l'expression du germline γ1 par les cellules B CD19+

III – 1 – 3 – Effet de l'IL-27 sur la différenciation des cellules B en plasmocytes :

Dans le but de déterminer la capacité de l'IL-27r à induire la commutation isotypique et la différenciation conséquente des cellules B en plasmocytes, des populations purifiées de splénocytes ont été cultivées pendant des périodes variables (de 3, 5 et 7 jours) en présence de 1 μg/ml d'anticorps monoclonal anti-CD40 et de 10 ng/ml d'IL-27r.

Les cellules T sont donc exclues électroniquement de la population cellulaire CD3-.

A chaque période d'incubation, les cellules B naïves (CD19+CD27-sIgD+) ou mémoires (CD19+CD27+sIgD+ et CD19+CD27+sIgD -) ont été collectées et analysées pour les variations d'expression de l'IgDs et du CD38, indiquant la commutation isotypique et la différenciation en plasmocytes, respectivement.

Les cellules B CD38high, qui sont IgDs-, IgGs+/int, CD20low ou bien CD27+, représentent les cellules B mémoires ayant commutées produisant l'IgG et qui sont présentes à une basse fréquence (<2%) dans les splénocytes fraîchement isolés.

Cette dernière population n'a pas sensiblement augmenté lorsque les cellules B spléniques ont été activées avec CD40L en l'absence des cytokines exogènes (figures 32A et 32B).

L'addition de l'IL-27r aux cellules B spléniques, activées via le CD40L, a eu comme conséquence une faible mais significative augmentation du pourcentage de cellules B exemptes d'IgDs et exprimant des niveaux élevés de CD38.

Ceci reflète une « down-régulation » de l'expression de l'IgDs sur les cellules B naïves initialement IgDs+, à travers un mécanisme de commutation isotypique et leur différentiation conséquente en plasmocytes CD38high (figure 32A).

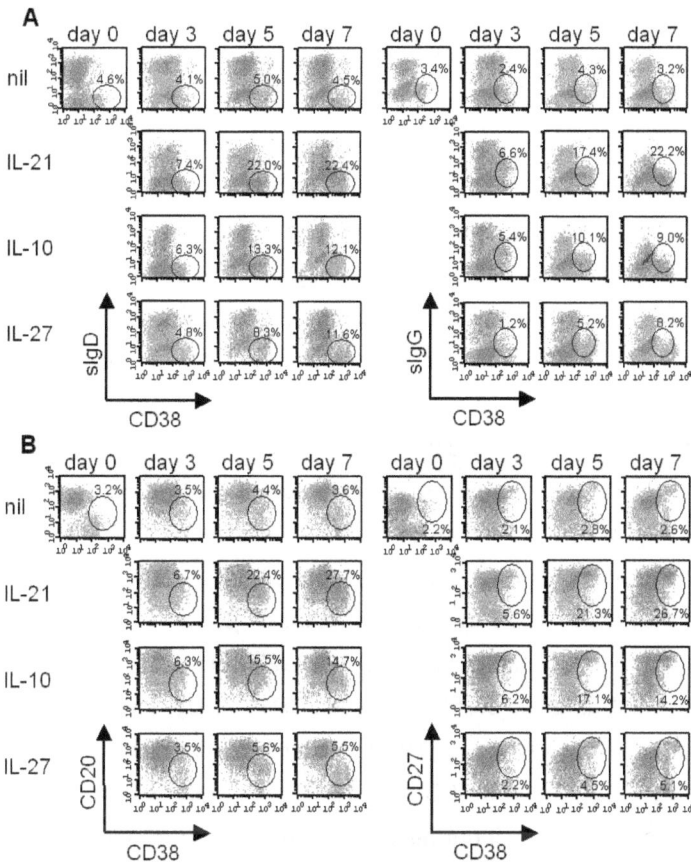

Fig. 32 : Effets de l'IL-27, l'IL-21 et l'IL-10 sur l'expression des marqueurs membranaires (IgGs, IgDs, CD20 et CD38). Les valeurs représentent la moyenne de trois expériences utilisant trois échantillons différents de rate ± la variation standard.

En parallèle, on a observé l'apparition d'une population de cellules B CD38highsIgG+/int. Cette population apparaît au 5ème jour (1.5%), mais pas au 3ème jour (<0,5%) de la culture.

Cet effet de l'IL-27r augmente tout au long de la culture, si bien qu'on observe des pourcentages très élevés de cette population cellulaire au 7ème jour de la culture (moyenne de l'augmentation 5.0%) (fig. 33).

Aussi, la population de cellules B CD38high induite par l'IL-27r s'est avérée exprimer des niveaux de plus en plus bas de CD20, et de plus en plus élevés de CD27 (figures 32B et 33) et ce en fonction du temps de culture.

Cependant, les effets de l'IL-27r sont modestes, aussi bien par sa magnitude que par son délai de réponse dans le temps, par rapport à l'IL-21 et à l'IL-10.

Ces derniers facteurs induisent la formation de 10 à 20% de cellules B switchées IgDs et l'apparition de cellules B différenciées en plasmocytes détectées dès le 3ème jour de la culture (figure 33).

III – 1 – 4 – Effet de l'IL-27 sur la production d'IgE :

Enfin, nous avons examiné la capacité de l'IL-27r à moduler la production d'IgE induite par l'IL-4 dans les cellules B naïves CD19$^+$CD27$^-$ spléniques et du sang de cordon activées avec 1µg/ml d'anticorps monoclonal anti-CD40 et en absence ou en présence de 50ng/ml d'IL-4r ainsi que des quantités variables d'IL-27r, et ce durant 12 jours de culture. Les taux d'IgE sont déterminés par ELISA et exprimés en ng/ml.

On observe que l'IL-27 seul n'a pas induit directement la synthèse d'IgE (figure 34). Cependant, il a fortement augmenté, d'une façon dépendante de la dose, la production d'IgE induite par l'IL-4 et ce dans les cellules B naïves CD19+CD27-sIgD+sIgG- adultes (figure 34A) et les cellules B naïves du sang de cordon (figure 34B).

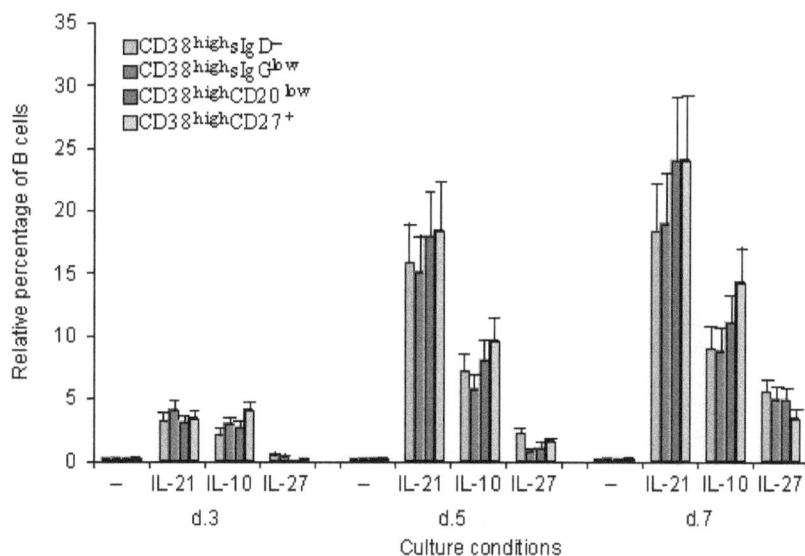

Fig. 33 : Effets comparatifs de l'IL-27 sur la variation du pourcentage de cellules B exprimant les marqueurs de surface suivants : CD38, IgDs, IgGs, CD20 et CD27.

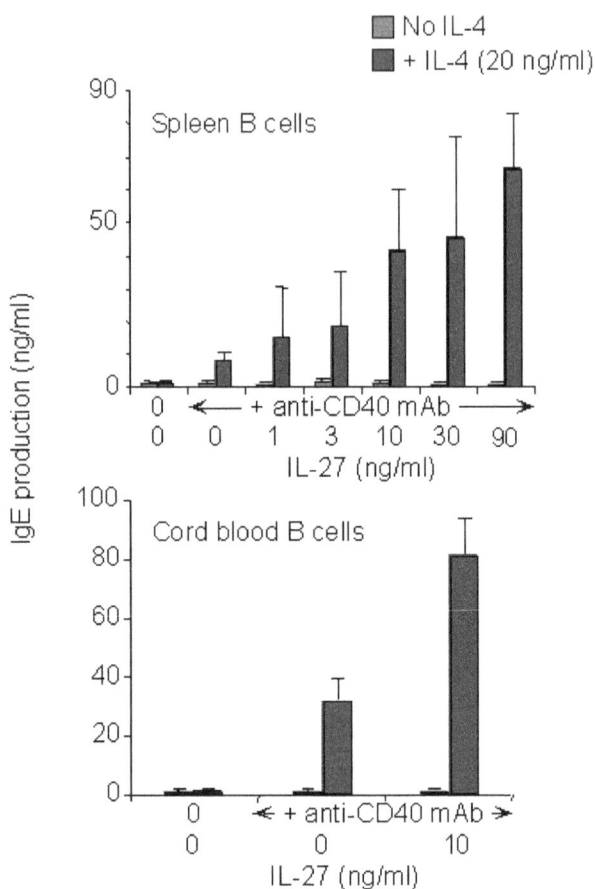

Fig. 34 : Effet de l'IL-27 sur la production d'IgE par les cellules B humaines naïves (CD19+CD27-) spléniques (A) et du sang de cordon (B).

Les valeurs représentent la moyenne de cinq expériences utilisant trois échantillons différents de rate et trois expériences utilisant trois échantillons différents de sang de cordon ± la variation standard

En outre, en présence d'IL-4r, l'IL-27r n'a eu aucun effet sur la production des sous-classes d'IgG (résultats non montrés).

Dans le but de déterminer si l'effet de l'IL-27r (à 50 et 100 ng/ml) sur la production d'IgE (induite par l'IL-4r), est dû à son action directe sur l'activité du promoteur du switch Cε, son effet a été testé dans la lignée BL-2 clone 20 des cellules du lymphome de Burkitt dotées d'un système de gène rapporteur lié au promoteur du germline Cε.

Ces cellules BL-2, stimulées avec 20 ng/ml d'IL-4r en présence de cellules L (exprimant le CD40L), ont exprimé à leur surface les deux sous unités TCCR et gp-130 (figure 35), indiquant leur réponse potentielle à l'IL-27r.

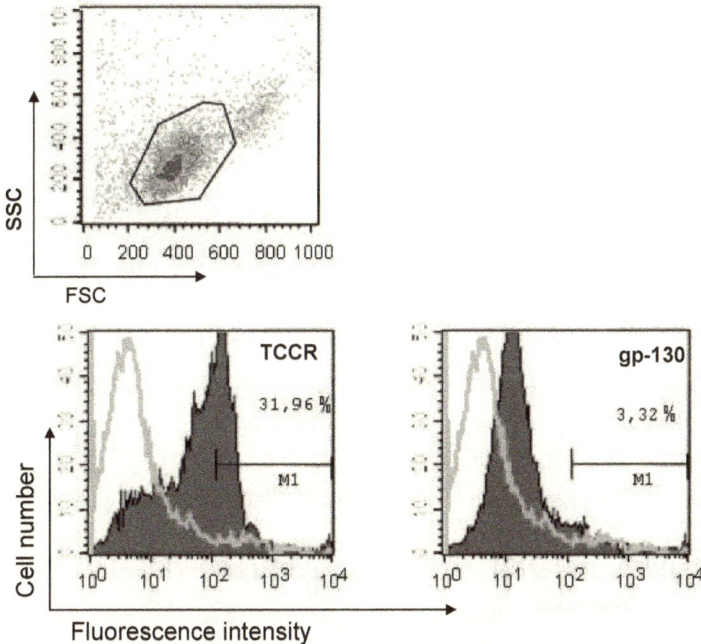

Fig. 35 : Expression du récepteur de l'IL-27 sur les cellules BL2 clone 20

Ainsi, on observe que la stimulation des cellules BL-2 durant 24, 48 et 72 h de culture, avec 1 µg/ml d'anticorps monoclonal anti-CD40 crosslinké avec 1µg/ml d'IgG de chèvre anti-souris et l'IL-4r, induit une forte augmentation de l'expression du gène rapporteur Cε. Cette augmentation dépendante du temps (figure 36A) est partiellement inhibée par l'addition de 50 et 100 ng/ml d'IFNγ, utilisé comme contrôle positif (figure 36B).

L'addition de quantités croissantes d'IL-27 n'a pas modifié l'expression de l'activité du gène rapporteur et de plus, n'a pas renversé l'effet inhibiteur de l'IFNγ sur l'activation du promoteur du gène Cε médié par l'IL-4.

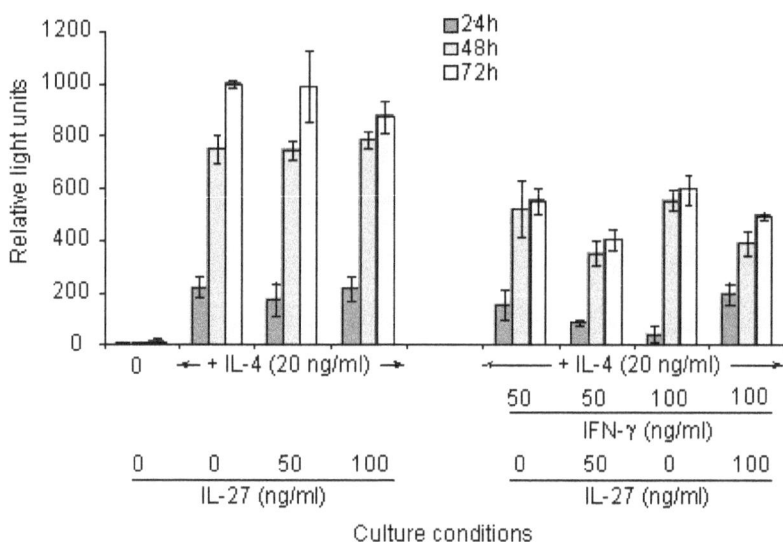

Fig. 36 : Effet de l'IL-27 sur l'activité du promoteur du germline Cε dans les cellules BL-2 clone 20 déterminé par le test luciférase.

Les valeurs représentent la moyenne de deux expériences indépendantes utilisant deux échantillons différents de rate.

Discussion :

La différenciation des cellules B naïves (exprimant les IgM membranaires) en plasmocytes producteurs d'IgG, d'IgE ou d'IgA, est un processus fortement régulé et implique d'une part, l'interaction entre le CD40 exprimé par les cellules B et son ligand le CD154 exprimé par les cellules T ; et d'autre part, l'action des cytokines qui déterminent la spécificité isotypique des cellules commutées (Banchereau *et al.*, 1994; Honjo *et al.*, 2002).

Il a été montré dans la littérature que les deux sous unités du récepteur de l'IL-27 : le TCCR et le gp130 sont constitutivement exprimées sur la surface des cellules B d'amygdales humaines naïves et mémoires (Gagro *et al.*, 2006; Larousserie *et al.*, 2006) et que leur expression est augmentée après stimulation du CD40 (Larousserie *et al.*, 2006).

D'autre part, une autre étude, a rapporté que l'expression de l'ARNm du TCCR par les cellules B d'amygdales naïves et mémoires n'a pas été modulée après stimulation du récepteur des cellules B, en la présence ou l'absence du CD40L ou d'IFN-γ (Gagro *et al.*, 2006).

Compte tenu de ces premiers résultats connus, nous avons tenté d'apporter plus d'éléments de réponse à ces travaux de recherche en prouvant que les deux chaînes du récepteur de l'IL-27 sont exprimées sur les cellules B naïves du sang de cordon, quoiqu'à des niveaux beaucoup plus bas que ceux des cellules B spléniques naïves et mémoires.

De plus, la stimulation des cellules B naïves du sang de cordon avec le CD40 n'a pas eu comme conséquence une « up-régulation » de l'expression du TCCR et du gp130.

On observe aussi que l'IL-27 induit des réponses prolifératives et une synthèse d'IgG1 par les cellules B naïves, alors qu'il n'affecte pas les cellules B mémoires, ceci indique que les effets médiés par l'IL-27 dépendent de l'étape de différenciation des cellules B, mais ne sont pas corrélés avec les niveaux d'expression du récepteur de l'IL-27, comme il a été observé précédemment (Larousserie *et al.*, 2006).

On sait que beaucoup de cytokines qui induisent la production d'Ig par la commutation isotypique des cellules B naïves favorisent également la croissance des cellules B commutées. Cependant, nous avons observé que l'IL-27 n'induit pas de réponse proliférative des cellules B mémoires, ce qui exclut la possibilité que l'IL-27 puisse agir en favorisant la croissance des cellules B mémoires.

Les cellules de la rate humaine contiennent, en plus des cellules B naïves, les cellules B du centre germinatif. Cependant, les cellules Bm2 et les cellules Bm3/Bm4, qui forment la population de cellules B du centre germinatif, sont clairement CD27+ (Arce *et al.*, 2001). D'ailleurs, Il a été montré qu'aussi bien les centroblastes (Bm3) que les centrocytes (Bm4) humains expriment le CD27, bien qu'à différents niveaux (Steiniger *et al.*, 2005) et ne peuvent donc pas faire partie des cellules B naïves.

Dans notre présent travail, nous avons utilisé l'immunofluorescence et le tri cellulaire pour purifier les cellules B spléniques naïves. Ainsi, les cellules faiblement marquées CD27+ qui représentent des centrocytes, ont été effectivement séparées de la population naïve CD27-.

D'ailleurs, l'observation que l'IL-27 induit la production d'IgG1 par les cellules B du sang de cordon (une population composée exclusivement de cellules B naïves IgDs+) indique bien que l'action de l'IL-27 sur la sécrétion de l'IgG1 est le résultat d'un effet de switch-promoting de cette cytokine sur les cellules B naïves non commutées.

On sait que les cellules B naïves portent à leur surface l'IgM et l'IgD, tandis qu'elles n'expriment pas les IgGs, les IgAs ou les IgEs. Aussi, il est bien admis que l'apparition de cellules IgDs- parmi les cellules B naïves IgDs+ résulte d'un événement de switch-recombinaison et constitue par conséquent la preuve d'une commutation vers la production des anticorps IgG, IgA ou IgE.

De même, l'acquisition de l'expression du CD38, par les cellules B naïves CD38- activées, constitue une preuve de leur différenciation en plasmocytes sécréteurs d'anticorps (Ettinger *et al.*, 2005).

Dans notre présente étude, nous prouvons que l'addition de l'IL-27 aux cellules de rate a eu comme conséquence : d'une part une « down-régulation » de l'expression de l'IgDs sur les cellules B naïves initialement IgDs+, et d'autre part l'émergence concomitante d'une population de cellules B CD38 high IgGs+/int qui ne sont pas encore différenciées en plasmocytes.

Cependant, bien que nous ne prouvons pas formellement que les cellules différenciées CD38high IgGs+/int produisent l'IgG1, nos données soutiennent fortement la notion que l'IL-27 peut induire la production de cet isotype par un mécanisme impliquant l'induction de la commutation isotypique et par conséquent la différenciation des cellules B en plasmocytes CD38high sécréteurs d'IgG1.

Il a été rapporté dans la littérature que la commutation isotypique des cellules B naïves est associée à une division cellulaire et dépend donc de leur degré de prolifération (Tangye *et al.*, 2002). De plus, les cellules B naïves se différencient en plasmocytes 30 heures après les cellules B mémoires, et ces dernières prolifèrent à un taux plus élevé par rapport aux cellules B naïves (Fecteau & Neron, 2003; Tangye *et al.*, 2003).

Or nous observons bien que l'IL-27 déclenche la prolifération des cellules B naïves seulement (Boumendjel *et al.*, 2006; Larousserie *et al.*, 2006), ceci pourrait expliquer l'induction relativement modeste et retardée des cellules B commutées IgDs- et les plasmocytes différenciés CD38+, sous l'effet de l'IL-27 par rapport à l'IL-21 et l'IL-10 qui sont de puissants facteurs de prolifération pour les cellules B mémoires et naïves.

Nos résultats sont en accord avec ceux qui prouvent que l'IL-27 règule la production de l'IgG dans les cellules B murines. En effet, il a été montré que par rapport aux souris de type-sauvage, celles déficientes pour le gène du WSX-1, possèdent une concentration sérique réduite en IgG2a, mais des niveaux normaux des autres isotypes d'Ig (Chen *et al.*, 2000). Ces résultats sont corroborés par l'observation que l'IL-27 induit la commutation de classe vers l'IgG2a dans les cellules B murines activées in vitro (Yoshimoto *et al.*, 2004).

Cependant, il est important de souligner le fait que, semblablement à nos résultats, l'IL-27 exerce seulement des effets très modestes sur la production d'Ig chez la souris. Ainsi, l'importance de l'induction in vitro de la production d'IgG2a par les cellules B naïves activées de souris est comparable à celle de l'IgG1 chez l'homme.

D'ailleurs, la capacité de l'IL-27 à induire la production de l'IgG2a chez la souris est nettement inférieure par rapport à celle de l'IFN-γ, qui est une autre cytokine connue pour induire la commutation des cellules B naïves de souris vers la production de cet isotype (Snapper *et al.*, 1988). Ceci indique que l'IL-27 ne joue pas un rôle important dans l'induction des réponses immunes humorales médiées par l'IgG murine.

Cependant, les résultats obtenus avec des souris déficientes en WSX-1 ont indiqué que l'IL-27 pourrait réguler la production des IgE dépendante de l'IL-4.

Ainsi, des taux sériques en IgE ont été augmentés chez les souris déficientes en WSX-1, comparativement aux animaux du type sauvage, et selon l'allergène en cause, en association avec une plus grande production des cytokines Th2 dans le poumon et une augmentation des manifestations cliniques dans les voies respiratoires (Miyazaki *et al.*, 2005).

En outre, dans un modèle de glomérulonéphrite membranaire, il a été montré une prédominance d'IgG1 dans les dépôts glomérulaires chez les souris WSX-1

-/-, accompagnée d'une augmentation sérique accrue des IgG1 et IgE (Shimizu *et al.*, 2005).

Aussi, comme l'induction des deux isotypes est sous le contrôle de l'IL-4, ces résultats suggèrent que l'IL-27 pourrait interférer avec la production d'Ig médiée par l'IL-4.

En effet, l'IL-27 s'est avérée inhiber le switch isotypique vers la classe IgG1 dans des cellules B spléniques de souris activées in vitro avec un anticorps monoclonal anti-CD40 ou avec le LPS, bien qu'aucune donnée sur la production d'IgE n'ait été fournie (Yoshimoto *et al.*, 2004).

Cependant chez l'homme, l'IL-27 ne semble pas avoir des effets inhibiteurs directs sur la synthèse d'IgE induite par l'IL-4 dans les cellules B naïves, car l'IL-27 n'a pas modulé l'activité du promoteur du gène Cε induit par l'IL-4, ce résultat suggère que l'augmentation observée de la synthèse des IgE induite par l'IL-4 peut être attribué à l'activité de l'IL-27 encourageant la croissance et la prolifération des cellules B différenciées de novo.

Cette conclusion est soutenue par l'observation que l'IL-27 induit une prolifération plus forte des cellules B naïves en présence d'IL-4 (résultats non montrés) qu'en son absence (figure 29).

Ainsi, chez l'homme, l'induction de la production d'IgG1 par les cellules B naïves est également sous la commande de l'IL-10 et l'IL-21, deux cytokines indépendantes connues pour leur capacité à induire la commutation isotypique par l'intermédiaire de l'activation du promoteur du germline γ1 (et γ3) (Brière *et al.*, 1994; Fujieda *et al.*, 1996; Pène *et al.*, 2004).

En outre, l'IL-21 a une forte capacité d'induire la différentiation des cellules B en plasmocytes producteurs d'Ig (Ettinger *et al.*, 2005). Cependant, comme il a été montré précédemment et dans la présente étude, les effets de l'IL-27 sont nettement inférieurs à ceux des autres cytokines. Cette situation est semblable chez la souris où l'IFN-γ induit une commutation beaucoup plus efficace de l'IgG2a que celle induite par l'IL-27 (Fecteau & Neron, 2003; Yoshimoto *et al.*, 2004).

Pris dans leur ensemble, ces résultats précisent une redondance ainsi qu'une hiérarchie parmi les facteurs régulant la commutation isotypique des cellules B vers la production d'IgG1, avec un rôle plutôt minime de l'IL-27 dans ce processus.

En fin, bien que la diversification des sous-classes d'IgG de la souris et de l'homme ait évolué d'une façon indépendante (Hayashida *et al.*, 1984), nos résultats suggèrent que la synthèse d'IgG2a chez la souris et celle d'IgG1 chez l'homme, caractérisé par les fonctions effectrices semblables dans des immuno-réactions infectieuses, soit non seulement commandée par différentes cytokines de normalisation principale, y compris l'IFN-γ chez la souris ainsi que l'IL-10 et l'IL-21 chez l'homme, mais également ont pu avoir conservé un processus de normalisation commun médié par l'IL-27.

Notre présente étude sur les effets de l'IL-27 sur la différenciation des cellules B chez l'Homme pourrait se poursuivre en approfondissant les différents aspects de la différenciation B telles que la commutation de classe et la production d'immunoglobulines par des expériences de biologie moléculaire.

Nous avions entamé cette procédure en montrant la présence des transcrits germinaux dans les cellules B spléniques activées via le CD40L et en présence ou en absence de l'IL-27. Ceci pourrait constituer la preuve d'une induction d'une commutation isotypique vers les IgG1. Toutefois, seuls le séquençage des produits de PCR ou la mise en évidence des transcrits des cercles d'ADN résultant d'un éventuel mécanisme de recombinaison, pourraient confirmer définitivement ce fait.

Par ailleurs, il paraît intéressant de préciser si l'effet de l'IL-27 sur la prolifération des cellules B résulte d'un effet sur la division cellulaire proprement dite ou sur la survie, en analysant l'effet de l'IL-27 sur l'expression de protéines régulant le cycle cellulaire ou l'apoptose.

Les différents effets de l'IL-27 selon la sous population B ou le mode d'activation de la cellule B suggèrent que des voies de signalisation différentes, encore à définir, sont activées par l'IL-27 dans ces différentes conditions.

III – 2 – SENSIBILISATIONS ALLERGENIQUES ET MARQUEURS CLINIQUES

III – 2 – 1 – Caractéristiques atopiques et hyperréactivité bronchique:

Sur la base du questionnaire clinique, un descriptif général de la population est établi et regroupe entre autres : l'âge, le sexe, les diverses manifestations atopiques personnelles associées à l'asthme, ainsi que les antécédents familiaux d'atopie (voir tableau IV). Le terrain atopique familial est relevé chez 48 sujets sur 65 (soit environ 74% de la population) et est 1,64 fois plus important du côté paternel que du côté maternel. La figure 37 montre la répartition de l'atopie.

Un premier score « allergologique », compris entre 1 et 4, prend en compte l'ensemble des manifestations atopiques : la rhinite et la conjonctivite sont les plus présentes 32 (43%) fois et 9 (12%) fois, respectivement. Aussi, parmi les 75 enfants asthmatiques, 58/74 (78%) ont des manifestations atopiques associées à leur hyperréactivité bronchique, dont les principales sont montrées dans le tableau IV. On note également l'absence de toute manifestation d'atopie associée chez 16/74 (22%) sujets.

Un second score est attribué pour la sévérité de l'asthme, compris entre 1 et 4, correspondant à 4 paliers, selon les critères de la classification GINA (NIH, 1995). Ainsi, 15 (21%) enfants ont un asthme intermittent (palier 1) avec une moyenne d'âge de 9,53 ans ; 14 (19%) ont un asthme persistant léger (palier 2) avec une moyenne d'âge de 8,64 ans ; 33 (46%) ont un asthme persistant modéré (palier 3) avec une moyenne d'âge de 9,90 ans ; et 10 (14%) ont un asthme persistant sévère (palier 4) avec une moyenne d'âge de 12,2 ans. Les garçons sont majoritaires dans la population générale et dans les paliers de 1 à 3. Aussi, l'ancienneté de la maladie augmente avec les paliers d'environ 4 ans pour le premier palier jusqu'à une moyenne de 9 ans et ½ pour le dernier palier.

Tab. IV : Descriptif des patients : Sévérité de l'asthme et principales manifestations atopiques

	POPULATION GENERALE	Classification selon GINA			
		Palier 1 Asthme intermittent	Palier 2 Asthme persistant léger	Palier 3 Asthme persistant modéré	Palier 4 Asthme persistant sévère
Effectif (%)	75*	15 (21%)	14 (19%)	33 (46%)	10 (14%)
Age moyen (année)	9,81	9,53	8,64	9,90	12,2
Sexe (M /F)	47/28	10/5	7/7	24/9	3/7
Atopie familiale	48/65 (74%)	10/12 (83%)	8/14 (57%)	22/29 (76%)	7/9 (77%)
Ancienneté de la maladie (moyenne en années)	6,42	4,33	5,64	6,01	9,5
Principales manifestations atopiques personnelles					
Rhinite	32	7	4	19	2
Conjonctivite	9	1	2	5	1
Otite	2	-	-	2	-
Laryngite	1	-	-	1	-
Aucune	16	5	2	5	2

* Correspond à l'effectif total des patients inclus, sachant que certains n'ont pas répondu à toutes les questions

114

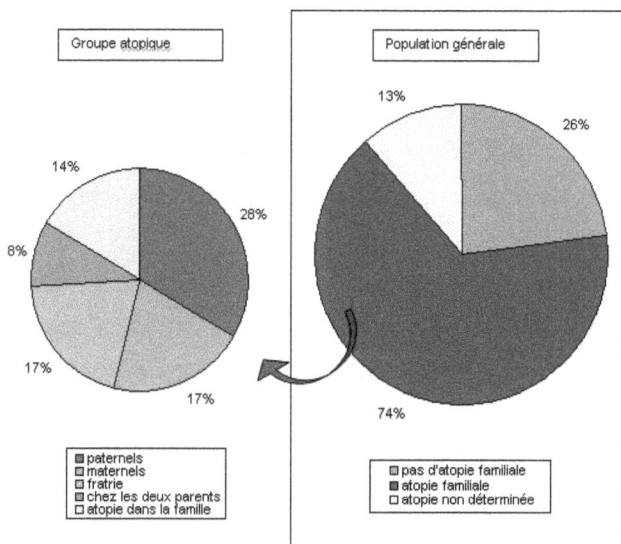

Fig. 37 : Répartition des antécédents d'atopie dans la population générale et dans le groupe d'enfants atopiques

III – 2 – 2 – Environnement allergénique et sensibilisations :

A travers le questionnaire, l'environnement intérieur des enfants est exploré en matière d'humidité, de tabagisme passif et de présence d'animaux domestiques (voir la figure 38). L'humidité est présente dans 77% des foyers (54/70) et 17/70 cas (24%) ont un animal domestique qui est soit un chat (10%), soit un chien (7%), soit les deux en même temps (7%). Les enfants sont exposés au tabagisme passif dans 21 cas sur 67, soit 31%.

La répartition des enfants selon la sensibilisation allergénique est représentée dans la figure 39. Sur les soixante-quinze enfants inclus, 22/75 (29%) n'ont aucune sensibilisation aux différents mélanges d'allergènes (pneumallergènes et trophallergènes) ou allergènes individualisés évalués.

Par contre, 54/75 enfants (71%) ont au moins une sensibilisation vis à vis du mélange de pneumallergènes utilisés : 50/74 enfants (68%) sont sensibilisés vis à vis des acariens Dermatophagoîdes pteronyssinus et 26/70 (37%) vis à vis de Blatella germanica. Parmi ceux qui sont sensibilisés aux acariens, 25/50 (50%) sont également sensibilisés aux blattes : 1 seul est uniquement sensibilisé à la blatte.

D'une manière générale, parmi les enfants sensibilisés au mélange de pneumallergènes, on ne peut pas exclure une sensibilisation associée aux autres pneumallergènes du mélange (Bouleau et/ou Olivier et/ou Dactyle et/ou Pariétaire et/ou Armoise et/ou Chat et/ou Chien et/ou Alternaria). Deux enfants positifs au mélange et non sensibilisés aux acariens et blattes sont sans doute sensibilisés à au moins un de ces pneumallergènes.

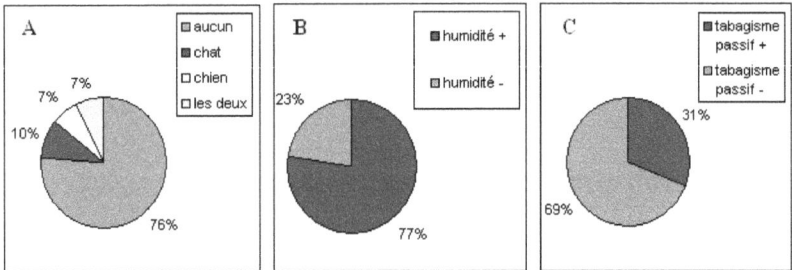

Fig. 38 : Exploration de l'environnement intérieur des enfants :
A : animaux domestiques ; B : humidité ; C : tabagisme passif

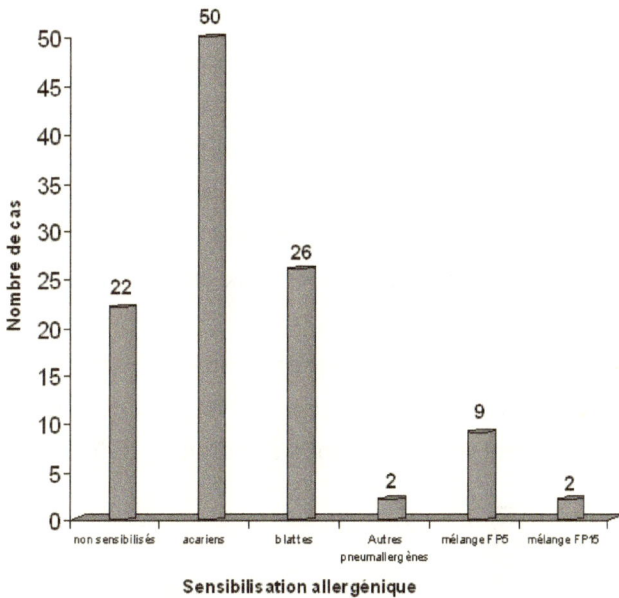

Fig. 39 : Sensibilisations allergéniques observées

Parmi les enfants sensibilisés aux acariens, 9/50 (18%) le sont également vis à vis des allergènes alimentaires. Aucune sensibilisation alimentaire n'est trouvée chez les autres enfants : ainsi, 9/72 enfants (13%) ont une sensibilité vis à vis des trophallergènes. Les neuf enfants ont un dosage IgE spécifiques aux trophallergènes positif du mélange alimentaire FP5 et 2/9 (22%) seulement ont une sensibilisation à FP15, ce qui représente aussi 2/72 (3%) du total. La répartition des allergènes en cause est la suivante : blanc d'œuf (6 fois), lait de vache (4 fois), arachide (3 fois), soja (3 fois), blé (2 fois) et morue (2 fois) (figure 40). Les sensibilisations à la banane et à la pomme sont toutes deux incriminées chez les deux patients présentant une positivité au dosage IgEs FP15. Les polysensibilisations sont fréquentes : 1 enfant est positif vis à vis de tous les aliments explorés, 1 autre à 5 aliments, 3 à au moins 2 aliments.

Le dosage positif des IgEs indique une sensibilisation des enfants vis à vis de l'allergène testé (ou au moins un allergène parmi ceux du mélange). Aussi nous avons considéré la positivité de ces dosages en termes de nombre de sensibilisations. La variation du taux moyen d'IgEs totales en fonction de la sensibilisation des enfants est montrée dans la figure 41. On observe une augmentation statistiquement significative (p=0,03 à 0,02), voir même très hautement significative (p=0,0001) de ce taux moyen par rapport au groupe d'enfants non sensibilisés.

L'analyse statistique montre une corrélation élevée (coefficient de Pearson, r=0,65) entre les IgE totales et les IgEs au mélange de pneumallergènes. Ces derniers sont également corrélés aux IgEs aux acariens (r=0,63).

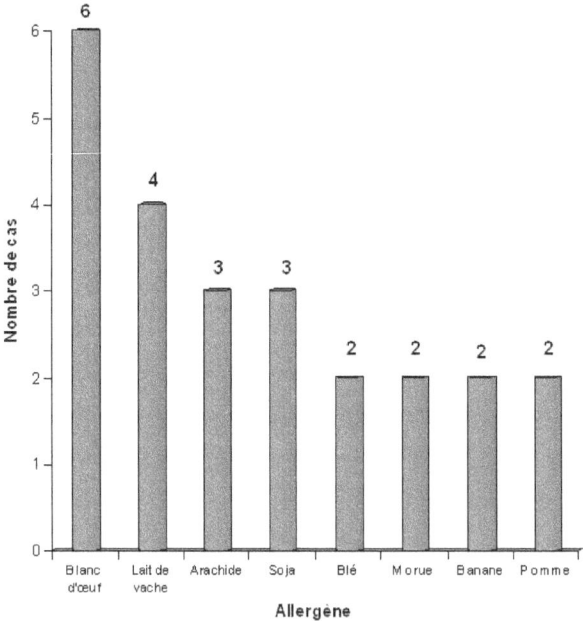

Fig. 40 : Fréquence des allergènes alimentaires en cause

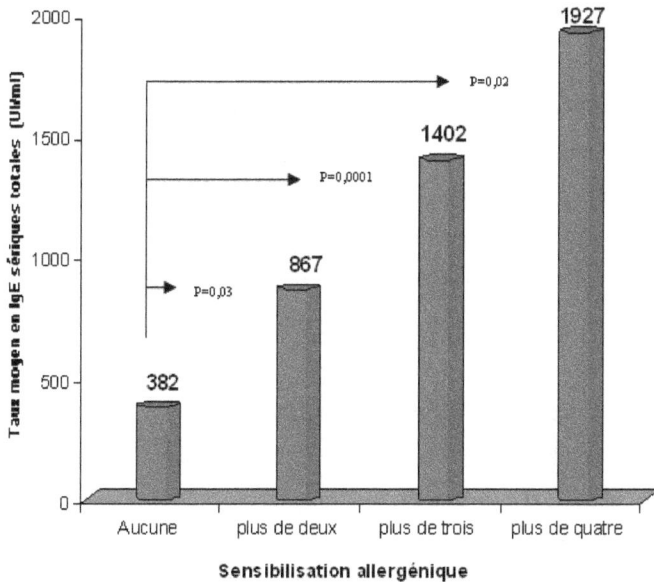

Fig. 41 : Variation des taux sériques d'IgE totales en fonction du nombre de sensibilisations connues des enfants

III – 2 – 3 – Exploration des éosinophiles :

L'éosinophilie sanguine n'est corrélée à aucun des paramètres biologiques mesurés, notamment à l'ECP. Par contre, cette dernière est corrélée avec les IgE totales (r=0,54) et les IgEs au mélange de pneumallergènes (r=0,65). La figure 42 montre l'augmentation du taux moyen de l'ECP en fonction de l'importance de sensibilisation des enfants. Cependant cette variation est statistiquement à la limite de la significativité.

119

III – 2 – 4 – Etude clinico-biologiques :

Sur la base des scores calculés (le Score GINA est considéré positif lorsqu'il dépasse le 1er palier et le Score allergologique est considéré positif à partir de 2 symptômes allergologiques), nous avons recherché les concordances clinico-biologiques sur l'ensemble de la population par le test du khi 2.

Il existe un lien significatif entre la sévérité de l'asthme, représentée par le score GINA, et l'ECP (p=0.03). Par contre nous n'avons pas enregistré de relation significative entre éosinophilie sanguine, IgEs et sévérité de l'asthme.

Les manifestations associées à l'asthme sont représentées par le score allergologique. Nous avons recherché le lien avec le terrain atopique familial, en départageant la population générale en deux groupes : un groupe de 48/65 (74%) enfants chez lesquels existe une atopie familiale et un second groupe 17/65 (26%) enfants n'ayant pas d'atopie familiale : les manifestations atopiques personnelles (Score allergologique) sont présentes à 96% chez les enfants qui ont une atopie familiale par rapport au groupe d'enfants qui n'en ont pas (voir figure 43). Par ailleurs la gravité de l'asthme est la même chez les enfants des deux groupes.

L'éosinophilie est uniquement corrélée à l'ancienneté de la maladie (corrélation de Pearson= 0,389, p=0,013).

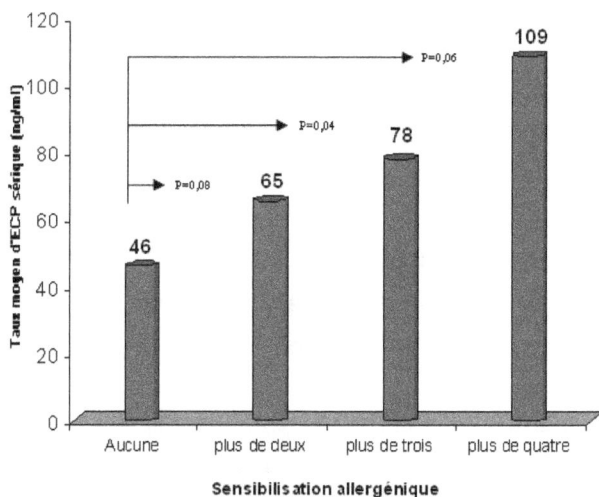

Fig. 42 : Variation des taux sériques d'ECP en fonction du nombre de sensibilisations connues des enfants

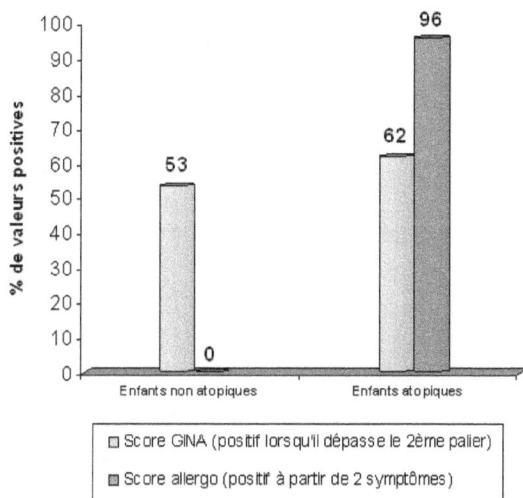

Fig. 43 : Variation des scores cliniques selon l'existence ou non de l'atopie

III – 2 – 5 – Relation de l'âge avec les paramètres biologiques et cliniques :

Nous avons réparti l'effectif total en trois tranches d'âge allant de : [4-6] ans, [7-12] ans et [13-18] ans. Les résultats sont exprimés en terme de valeur au dessus de la valeur normale, selon la tranche d'âge (tableau V).

Ainsi, le pourcentage d'enfants présentant un taux d'IgE sériques totales au dessus de la normale augmente avec l'âge : de 59 % (4-6 ans), à 79 % (7-12 ans) pour ensuite s'établir en plateau.

Statistiquement, le pourcentage d'enfants présentant des IgEs détectables contre le mélange de pneumallergènes, augmente significativement (p=0,04) avec l'âge, de même que les IgEs aux acariens (p=0,02) et à la blatte (p=0,03) ; contrairement aux IgEs aux trophallergènes (FP5 et FP15) qui n'augmentent pas de façon significative. L'analyse statistique montre aussi une augmentation significative de l'état de sensibilisation entre les enfants des trois tranches d'âge.

Par ailleurs, on remarque aussi que, plus la moyenne d'âge par palier augmente, plus la sévérité de l'asthme augmente (voir figure 44) et parallèlement on observe tout d'abord, l'augmentation des symptômes atopiques associés à l'asthme chez les jeunes enfants (de 13/58 cas à 29/58 cas), puis leur diminution (16/58 cas seulement) chez les enfants de plus de 12 ans, voir figure 45.

Tableau V : Valeurs au dessus de la valeur normale selon la tranche d'âge

PARAMETRES EVALUES	≤ 6 ans		[7-12] ans		[13-18] ans	
	n	%	n	%	n	%
IgEt	10/17	59	31/39	79	15/19	79
IgEs (mélange de pneumallergènes) *	8/17	47	28/39	**72**	18/19	**95**
IgEs (D1) *	6/16	**38**	27/39	**69**	17/19	89
IgEs (I6) *	4/16	25	11/36	**31**	11/18	**61**
IgEs (mélange d'aliments FP5)	1/16	06	4/36	11	4/18	22
IgEs (mélange d'aliments FP15)	0/16	0	1/37	03	1/19	05
ECP sérique	12/16	75	31/36	86	18/18	100
Eosinophilie sanguine	1/10	10	3/23	13	4/10	40
Atopie *	10/14	71	22/34	**65**	16/17	**94**
Score GINA *	9/16	56	19/37	**51**	15/19	**79**
Score allergologique	12/17	71	29/39	74	15/19	79
Sensibilisations *	6/17	**35**	27/39	**69**	18/19	**95**

* : p < 0,05

123

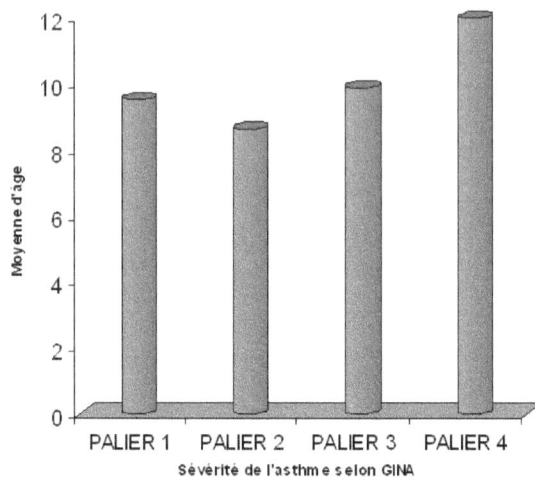

Fig. 44 : Variation de la moyenne d'âge par palier GINA

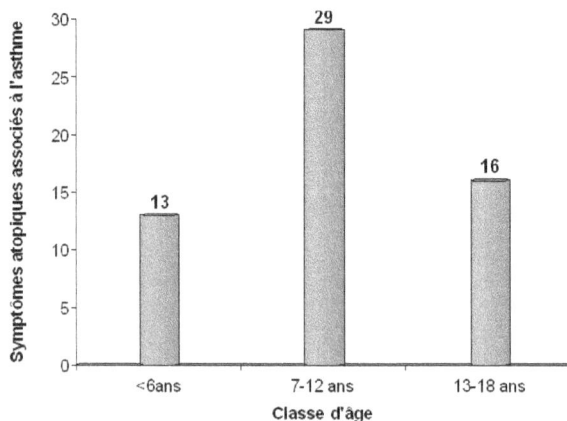

Fig. 45 : Répartition des symptômes atopiques associés à l'asthme dans la population générale selon la tranche d'âge

Discussion :

La prévalence de l'asthme dans les pays du Maghreb, aussi bien en Algérie, au Maroc qu'en Tunisie, varie de 2% à 5%, touchant surtout des sujets jeunes (Mahouachi *et al.*, 1998). En Algérie, selon les résultats d'une enquête réalisée par les services médicaux en 2005, 3% de la population algérienne (soit plus de un million de personnes) est atteinte d'asthme, dont la majorité sont des enfants (Afroun, 2005). C'est ce qui justifie notre choix d'étudier une population pédiatrique. De plus, aucune étude immuno-allergologique n'a été publiée chez de jeunes asthmatiques à Annaba (Côte Est du pays). Cependant, cette étude, pourtant originale, peut d'emblée être critiquable pour n'avoir pas un groupe d'enfants témoin. Cependant, la raison est d'ordre éthique : les parents des enfants ayant participé à cette étude avaient un intérêt à voir évaluer les paramètres immuno-biologiques sanguins chez leurs enfants, ce qui n'aurait pas été le cas pour les parents d'enfants sains du groupe témoin.

Il est décrit dans la littérature que chez l'enfant, les garçons sont plus fréquemment asthmatiques que les filles (Dutau *et al.*, 1998). Dans notre étude, le sex-ratio est en effet de 1,67 en faveur des garçons, il est donc comparable aux séries pédiatriques, en particulier dans l'étude des enfants de moins de 3 ans et de 3 à 15 ans, avec un sex-ratio de 1,5 en faveur des garçons (Rancé *et al.*, 1995).

Selon le descriptif général de la population, on trouve que la majorité des enfants ont un asthme persistant modéré de grade 3 (46%) avec une moyenne d'âge de 9 ans. Très peu ont un asthme sévère (14%) avec un âge moyen plus élevé, environ 12 ans. Or, la plupart des asthmes de l'enfant sont justement légers ou modérés, à l'adolescence. Toutefois, l'asthme peut s'aggraver pour plusieurs raisons, comme : la perte du référent médical, déni de la maladie, tabagisme, ou même une mauvaise observance ou arrêt du traitement de fond.

Dans notre étude, c'est ce qui risque d'arriver, à long terme, aux enfants du stade 3, qui risquent à tout moment de passer au stade supérieur, c.-à-d. à l'asthme sévère.

Les signes allergiques associés telles que la rhinite et la conjonctivite, permettent de suspecter une composante atopique. L'association d'une rhinite et d'une hyperréactivité bronchique est fréquente (Dykewicz & Fineman, 1998; Leynaert *et al.*, 1999). Le rôle de l'inflammation des voies aériennes supérieures dans la survenue de l'hyperréactivité bronchique étant largement décrite dans la littérature (Aubier, 1993; Riffo-Vasquez & Spina, 2002). C'est ce que nous observons dans notre population avec 32 cas de rhinite, 1 cas de laryngite et deux d'otite. Ceci s'explique par l'existence d'interactions directes entre l'atteinte inflammatoire nasale et les voies aériennes inférieures, probablement par la diffusion de médiateurs de l'inflammation à partir de la sphère nasale (Braunsahl *et al.*, 2000).

Le caractère familial de l'asthme dit allergique ou « atopie » (caractérisée par une hyper production par les lymphocytes B d'anticorps d'isotype IgE) est connu depuis longtemps et pourrait s'expliquer aussi bien par une composante génétique (Haagerup *et al.*, 2002) que par l'effet d'un environnement commun à des sujets partageant un même habitat (Ronchetti *et al.*, 2005). Dans notre étude, il s'agit d'enfants à haut risque familial d'atopie, puisque le terrain atopique familial semble plus marqué que dans certaines séries pédiatriques, avec 74% d'antécédents familiaux d'atopie contre 70,5% (Moneret-Vautrin *et al.*, 1996). Aussi, à travers la cotation des symptômes allergiques, nous trouvons que les manifestations atopiques personnelles associées sont présentes à 96% chez les enfants qui ont une atopie familiale par rapport au groupe d'enfants qui n'en ont pas. On constate également que l'atopie d'origine paternelle est plus importante (1,6 fois) que l'atopie maternelle. Dans une autre étude (Hensley *et al.*, 2004), il a été montré que les antécédents paternels d'atopie, et notamment d'asthme, ont été associés à un risque accru d'atopie chez l'enfant, à l'âge de six à sept ans, alors que les antécédents maternels n'ont pas, ou peu d'influence.

Ainsi, l'extrême fréquence de l'association asthme-terrain atopique justifie la pratique d'un bilan allergologique à la recherche d'une sensibilisation à un ou plusieurs allergènes adaptés à l'âge et à l'environnement des enfants. Bien que ce bilan doit en principe débuter par la réalisation des tests cutanés, le dosage des IgEs peut être réalisé en première intention (Malandain, 2003). Dans notre étude ces tests n'étaient pas réalisables au moment du recrutement des patients, conformément à l'observation du Pr M Jerray (Jerray, 1998), qui confirme bien que dans les pays du Maghreb en général, les structures sanitaires sont de plus en plus sollicitées par des malades présentant une pathologie allergique, alors que parallèlement leur développement en matière de diagnostic et réalisation des Prick-tests, par exemple, ne semble pas répondre à cette demande.

Les résultats de ce bilan indiquent, de toute évidence, que nous avons là une population d'asthmatiques qui présentent une grande sensibilisation vis à vis des pneumallergènes, (71%), cela correspond bien aux données de la littérature (Rancé et al., 1995). Dans notre étude, nous avons identifié isolément les sensibilisations aux pneumallergènes qui se trouvent dans la poussière de maison, à savoir : acariens et blattes. On trouve une sensibilisation flagrante aux acariens chez 68% des enfants. Cette prévalence est très proche de celle décrite au Maroc (63%) (Alaoui Yazidi et al., 2001). Une étude réalisée sur les allergènes dans la ville d'Alger (Kourta, 2005), a permis de déceler d'importants taux de moisissures et d'acariens dans les habitations. Ces dernières seraient infestées d'acariens, de moisissures, de poussières des matelas, de quantités importantes de bactéries et d'endotoxines. C'est ce qui expliquerait l'augmentation du nombre d'asthmatiques et d'allergiques à Alger. Ce fait pourrait être comparable à Annaba, qui est de plus connue pour son taux élevé d'humidité sachant que l'habitat humide favorise le développement des acariens et que dans notre série, 77% des parents se plaignent d'humidité dans leur foyer. Donc, le développement des acariens et des blattes favorisé par des conditions optimales d'humidité de l'air (80 % d'hygrométrie) et de température (plus de 20 °C), pourrait bien suggérer que la climatologie dans la région d'Annaba augmente le risque de développer des maladies allergiques.

La rhinite et l'asthme sont également, les symptômes principaux de l'allergie à la blatte. Au Maghreb, la sensibilisation à la blatte est peu dépistée, car encore sous-estimée. Pourtant, on trouve, dans notre étude, une fréquence de l'ordre de 37%, qui dans la majorité des cas est associée aux acariens. Cette fréquence est pratiquement similaire à celle décrite dans une étude pédiatrique multicentrique américaine, où 36,8% d'enfants hospitalisés pour asthme étaient sensibilisés aux allergènes de blattes (Rosenstreich et al., 1997). Aussi, Boushaki Z et al. rapportent, à travers une enquête réalisée à l'ouest de l'Algérie (Oran) (Boushaki et al., 2004), que la sensibilisation aux blattes (30,8%) arrive en troisième position après les acariens domestiques (81,7%) et le pollen d'olivier (34,4%). Cette forte prévalence pourrait s'expliquer par l'effet d'une pollution domestique et allergénique persistantes dans les milieux socio-économiques défavorisés. Cependant, l'allergie à la blatte n'épargne pas non plus les milieux plus favorisés. Les gaines d'isolation des immeubles neufs sont aussi des repaires idéaux pour ces insectes qui affectionnent chaleur et humidité (Rauh et al., 2002; Arbes et al., 2003).

Par ailleurs, parmi les enfants sensibilisés au mélange de pneumallergènes, il peut éventuellement y avoir d'autres sensibilisations mises à part celles aux acariens et à la blatte, sachant, de plus, que 24% des foyers possèdent un animal domestique (chat et/ou chien). Ces résultats doivent être confrontés à la clinique et à l'environnement, en connaissance des autres allergènes inclus dans le mélange (Bouleau, Olivier, Dactyle, Pariétaire, Armoise, Chat, Chien et Alternaria). Nous avons détecté deux garçons de 5 et 7 ans (3% des cas), sensibilisés au mélange de pneumallergènes, mais qui ne le sont pas vis à vis des acariens et des blattes.

Dans notre étude, nous avons également testé les allergènes alimentaires les plus fréquemment impliqués dans l'asthme pédiatrique. On observe, dans 18% des cas, une sensibilisation aux allergènes alimentaires testés, toujours associée à une sensibilisation aux pneumallergènes. Dans la littérature, on retrouve bien cette notion d'association entre allergie alimentaire et sensibilisation aux aéroallergènes (Charles *et al.*, 2004) si bien qu'il est parfois difficile de dissocier les effets des aliments de ceux des pneumallergènes sur l'hyperréactivité bronchique. Dans notre étude, en première position, dans 6 cas sur 9, on retrouve une sensibilisation au blanc d'œuf, en deuxième position celle au lait de vache avec 4/9 cas et en troisième position une sensibilisation à l'arachide avec 3/9 cas. Par ailleurs, dans 3 cas sur 9, on retrouve une sensibilisation au soja. Quant à la sensibilisation à la Morue, retrouvée dans 2/9 cas, c.-à-d. 22% des sensibilisations aux trophallergènes étudiés, elle rejoint la prévalence connue de l'allergie alimentaire au poisson dans les pays du pourtour méditerranéen qui est de 18% (Crespo *et al.*, 1995). Cette prévalence est plus élevée (39%) dans les pays nordiques (Dutau *et al.*, 1995).

Par ailleurs, parmi les sensibilisations aux fruits recherchées, on note que celles vis à vis de la pêche et de l'orange n'existent pas dans notre population pédiatrique, contrairement aux sensibilisations à la pomme et à la banane qui sont présentes toutes deux chez deux enfants sur neuf. Ces enfants sont aussi cosensibilisés aux pneumallergènes. Cette polysensibilisation résulterait d'une dérégulation des sous populations de lymphocytes T au profit des TH2 producteurs d'IL-4 (Yssel *et al.*, 1991). Certains auteurs (Pène *et al.*, 1994) ont montré que des patients polysensibilisés synthétisent relativement plus d'IL-4 et d'IgE que des patients monosensibilisés. Ceci pourrait bien expliquer le fait qu'on trouve une augmentation significative des IgE totales en fonction de l'importance de la sensibilisation allergénique chez les enfants. Ainsi, en absence des tests cutanés, l'évaluation des IgE sériques dans un contexte clinique, semble avoir un intérêt en tant que marqueurs de sensibilisation

Dans notre étude, les IgEt et IgEs aux pneumallergènes sont corrélées à 65% ce qui semble être en accord avec la littérature (Ponvert, 2004). Aussi, les IgEt sont liées au nombre de sensibilisations. L'élévation des IgE totales peut donc constituer un bon indicateur et même un facteur de risque de développer des sensibilisations aux allergènes environnementaux.

Quant à la force des liens entre asthme et sensibilisation alimentaire, elle n'est pas encore bien précisée. Ce n'est cependant pas un hasard si, en pneumoallergologie pédiatrique, les manifestations les plus sévères d'allergie alimentaire surviennent chez les enfants porteurs d'asthme (Bousquet & Michel, 1998). D'ailleurs, dans notre étude, on ne retrouve pas de lien entre la sévérité de l'asthme et les taux détectables d'IgEs aux trophallergènes. En ce sens, nos résultats sont également comparables à ceux de la littérature (Rancé *et al.*, 2003).

L'exploration des éosinophiles (numération et dosage de l'ECP) est classiquement proposée pour évaluer l'hyperréactivité bronchique. Toutefois, nous n'avons pas enregistré de corrélation significative entre éosinophilie sanguine et la sévérité de l'asthme. Pourtant, l'éosinophile joue un rôle essentiel dans la physiopathologie de la maladie asthmatique (Tillie-Leblond *et al.*, 2004), quoique récemment, certains auteurs ont mis en évidence un autre profil inflammatoire dans l'asthme caractérisé par un infiltrat neutrophilique sans éosinophiles (Magnan *et al.*, 2006). Just et al. ont montré chez les enfants asthmatiques que l'inflammation éosinophilique est étroitement liée à l'allergie respiratoire plus qu'à la sévérité de la maladie asthmatique(Just *et al.*, 2003).

D'ailleurs, même, si plusieurs études, comme celle de Bousquet et al, suggèrent une relation entre l'inflammation éosinophilique et la gravité de l'asthme chez l'adulte (Bousquet *et al.*, 1990), peu d'informations concernant les cellules inflammatoires dans le tissu bronchique des nourrissons et des enfants asthmatiques ont été publiées.

Dans notre étude, l'éosinophilie est corrélée à l'ancienneté de la maladie. En fait, l'ancienneté de l'asthme pourrait être associée à un remodelage des voies aériennes dû à l'activation des éosinophiles qui relarguent des protéines délétères comme l'ECP, la protéine basique majeure (MBP) et la protéine éosinophile X (EPX) provenant de granules intracytoplasmiques cytotoxiques pour l'épithélium bronchique (Weller *et al.*, 1996).

Aussi, nous nous sommes intéressé au taux sérique d'ECP, qui est, lié à la sévérité de l'asthme comme il a été décrit par plusieurs auteurs (Badar *et al.*, 2004; Joseph-Bowen *et al.*, 2004). Ceci suggère que, chez les enfants asthmatiques, un taux sérique élevé d'ECP représenterait un facteur de risque de persistance de l'asthme. De plus, l'ECP est corrélée aux IgE totales et spécifiques aux pneumallergènes. On trouve une augmentation à la limite de la significativité de la valeur moyenne d'ECP sérique en fonction du degré de sensibilisation des enfants. Nos résultats semblent confirmer l'étude de Fauquert JL et al, dans laquelle les auteurs ont analysé la valeur d'une détermination ponctuelle de l'ECP sérique, et rapportent que son taux moyen est significativement plus élevé en cas d'allergie aux acariens (Fauquert *et al.*, 1997). Enfin, nous rappelons que le dosage de l'ECP a été réalisé sur des prélèvements centrifugés très rapidement, ce qui n'est pas réalisable en pratique courante.

En fin, on constate que l'ECP, contrairement à l'éosinophilie sanguine, représente un bon marqueur biologique reflétant la sévérité de l'asthme et le degré de sensibilisation à l'environnement allergénique.

131

Diverses études ont suggéré qu'au cours de l'enfance, l'apparition des sensibilisations allergiques puis le développement des signes cliniques obéit à une chronologie particulière tributaire de l'hérédité et de l'exposition plus ou moins importante ou durable aux allergènes de l'environnement (Petronella & Conboy-Ellis, 2003). Dans notre étude, les enfants ont été répartis en trois tranches d'âge délimitant grossièrement les stades préscolaire, scolaire et celui de l'adolescence. On trouve une augmentation statistiquement significative selon l'âge affectant les taux d'IgEs au mélange de pneumallergènes, aux acariens et à la blatte, mais aussi de l'état de sensibilisation global des enfants. Ceci est en parfait accord avec l'étude de Sigurs et al chez les enfants (Sigurs *et al.*, 1994). Chez les enfants asthmatiques sensibilisés, l'élévation des IgE spécifiques pourrait participer à un processus global affectant l'ensemble de la production d'IgE. Aussi, on retrouve dans notre population pédiatrique, une augmentation progressive, quoique statistiquement non significative, du pourcentage d'enfants présentant un taux d'IgE sériques totales au-dessus de la valeur normale pour l'âge en fonction de la tranche d'âge telle qu'elle a été décrite par plusieurs auteurs (Kalach *et al.*, 2004).

Par contre, aucune augmentation significative selon l'âge du nombre d'enfants présentant des IgE spécifiques détectables contre les trophallergènes testés n'est notée. Cette observation peut être rapprochée de l'acquisition progressive de la tolérance alimentaire au-delà de la petite enfance. En effet, les données actuelles de la littérature indiquent même que les titres d'IgE spécifiques alimentaires diminuent avec l'âge (Boyano Martinez *et al.*, 2002). Dans cet ordre d'idée, il peut être souligné que les manifestations cliniques d'allergie associées à l'asthme dans notre population déclinent à partir de l'âge de 12 ans, comme cela a été montré par des suivis longitudinaux (Dannaeus, 1993).

Chapitre IV : CONCLUSION GENERALE

Dans ce présent travail, nous prouvons que :

- Les cellules B naïves du sang de cordon humain expriment un récepteur fonctionnel de l'IL-27, comprenant les sous unités TCCR et gp130. Cependant leur expression est faible par rapport aux cellules B spléniques naïves et mémoires.

- L'IL-27 augmente la production d'IgE induite par l'IL-4 par les cellules B naïves stimulées avec l'anti-CD40. Toutefois, elle n'a aucun effet sur l'induction de l'activité du promoteur du germline $C\varepsilon$.

- L'IL-27 induit la différentiation des lymphocytes B en une population de cellules B qui exprime des niveaux élevés de CD38 en association avec une diminution de l'expression membranaire d'IgD (ce sont des cellules de phénotype : IgG+/int extérieurs, CD20low, CD27high). Ceci indique que l'IL-27 favorise la commutation isotypiqe et la différenciation des cellules B naïves en plasmocytes.

- De plus, l'IL-27 n'induit pas des réponses prolifératives et n'augmente pas la production IgG1 par des cellules B mémoire CD19+CD27+. Cependant, elle induit une production d'IgG1 par les cellules naïves de la rate CD19+CD27- IgD+IgG- et les cellules B du sang de cordon, activées par l'intermédiaire de CD40. Par ailleurs, cette interleukine n'a aucun effet sur la production des autres sous-classes d'IgG. Cependant, par rapport aux effets de l'IL-21 et l'IL-10, tous deux des facteurs de commutation pour l'IgG1 et l'IgG3 humains, ceux de l'IL-27 sont modestes et régulent exclusivement la production d'IgG1.

Ces résultats précisent une redondance partielle ainsi qu'une hiérarchie parmi les facteurs régulateurs de la commutation isotypique des cellules B vers la production d'IgG1 chez l'homme et indiquent, en outre, l'existence d'une régulation commune par l'IL-27 des isotypes IgG1humaine et IgG2a murine.

En fin, bien que la diversification des sous-classes d'IgG, chez l'homme et la souris, ait évolué d'une façon indépendante (33), nos résultats suggèrent que la synthèse d'IgG2a chez la souris et celle d'IgG1 dans l'homme, caractérisé par les fonctions effectrices semblables dans des immuno-réactions infectieuses, soit non seulement commandée par différentes cytokines de normalisation principaux, y compris IFN-γ chez la souris et l'IL-10 et IL21 dans l'humain, mais également ont pu avoir conservé un processus de normalisation commun médié par l'IL-27.

Notre travail apporte donc des résultats originaux sur la fonction de l'IL-27. On pourrait envisager de poursuivre cette étude en recherchant les effets de cette cytokine dans des cellules B provenant d'une population asthmatique afin de mettre en évidence les éventuels effets pro et/ou anti-inflammatoire dans cette pathologie.

En attendant, d'élargir notre champ de recherche qui imposerait l'acquisition d'un cytomètre en flux au niveau de nos structures de recherche, nous avons commencé progressivement en explorant différents paramètres biologiques dans une population pédiatrique asthmatique. Ainsi, les résultats que nous rapportons dans l'étude clinico-biologique sont dans l'ensemble conformes aux données de la littérature concernant les enfants asthmatiques mais mettent en évidence plusieurs données informatives :

- L'atopie basée sur des critères familiaux (paternels) est très fréquente dans cette population (74%). Les manifestations allergologiques sont élevées chez ces enfants (96%). La majorité de ces enfants (46%) ont un asthme sévère de grade 3 signifiant un besoin de traitement.

- La climatologie dans la région d'Annaba augmenterait le risque de développer des maladies allergiques. En effet, bien que les tests cutanés aient été impossibles à réaliser, le dosage des IgEs apparaît être un bon marqueur biologique de la sensibilisation dans cette population (2/3 des enfants sont sensibilisés aux acariens, dont la moitié est également sensibilisée aux blattes). On peut dire que les pneumallergènes constituent des facteurs environnementaux très souvent impliqués dans la génèse et la sévérité des crises d'asthme.

- Quant aux sensibilisations alimentaires, moins fréquentes (9/75) et toujours associées à des IgEs aux acariens, semblent correspondre plus à une polysensibilisation qu'à une vraie allergie alimentaire et sont peu impliquées dans l'asthme.

- Nous trouvons que l'activité éosinophilique représentée par l'ECP (plus que l'éosinophilie) semble un bon marqueur biologique de l'asthme allergique reflétant sa gravité et le degré de sensibilisation allergénique.

En fin, au terme de cette étude, la première du genre à Annaba (qui fera très prochainement l'objet d'une publication), et au vu de cet important problème de santé publique, et en attendant de confirmer ces résultats préliminaires par une plus grande étude multicentrique, il serait souhaitable de reconduire cette même étude en réalisant le dosage des IgEs à d'autres allergènes de l'environnement local. Ce bilan étiologique immuno-allergologique est un élément diagnostique important, car, appréhendé dans un contexte clinique, il peut contribuer à une meilleure prise en charge (éviction allergénique ciblée avec désensibilisation spécifique). A plus long terme, l'étude du polymorphisme phénotypique et génétique des sujets, semble indispensable pour progresser dans l'appréhension des facteurs pronostiques de l'asthme dans notre population pédiatrique et son évolution vers l'âge adulte.

REFERENCES BIBLIOGRAPHIQUES

Addison. *Access de Beckman Coulter.*

Advenier D, Guichard C, Kemeny J, Tridon A & Gilain L. (2002). Analysis of eosinophilia and ECP levels in blood and nasal secretions of 119 nasal polyposis patients. *Ann Otolaryngol Chir Cervicofac* **119**, 322-329.

Afroun N. (2005). Plus de un million d'Algériens sont asthmatiques. *Conférence-débat sur l'asthme* **Liberté - Algérie**.

Agematsu K. (2000). Memory B cells and CD27. *Histol Histopathol* **15**, 573-576.

Agematsu K, Nagumo H, Yang FC, Nakazawa T, Fukushima K, Ito S, Sugita K, Mori T, Kobata T, Morimoto C & Komiyama A. (1997). B cell subpopulations separated by CD27 and crucial collaboration of CD27+ B cells and helper T cells in immunoglobulin production. *Eur J Immunol* **27**, 2073-2079.

Alaoui Yazidi A, Bartal M, Nejjari C & Bartal M. (2001). La sensibilisation cutanée aux pollens au Maroc. Étude multicentrique. *Rev Mal Respir* **18**, 523-529.

Amir N. (2005). La pollution a engendré 700 000 cas d'asthmatiques. *Le journal ELWATAN* **Conférence Internationale sur le Développement Durable**.

Arbes S, Sever M, Archer J, Long E, Gore C, Schal C, Walter M, Nuebler B, Vaughn B, Mitchell H, Liu E, Collette N, Adler P, Sandel M & Zeldin D. (2003). Abatement of cockroach allergen (Bla g 1) in low-income, urban housing: A randomized controlled trial. *J Allergy Clin Immunol* **112**, 339-345.

Arce E, Jackson DG & Gill MA. (2001). Increased frequency of pregerminal center B cells and precursors in the blood of children with systemic lupus erythematosus. *J Immunol* **167**, 2361.

Arlian LG & Platts-Mills TA. (2001). The biology of dust mites and the remediation of mite allergens in allergic disease. *J Allergy Clin Immunol* **107** 406-413.

Arpin C, Dechanet J, Van Kooten C, Merville P, Grouard G, Brière F, Banchereau J & Liu YJ. (1995). Generation of memory B cells and plasma cells in vitro. *Science* **268,** 720-722.

Aubier M. (1993). Hyperréactivité bronchique et inflammation nasale. *Pneumographies,* 9-10.

Aversa G, Punnonen J, Cocks BG, de Waal Malefyt R, Vega FJ, Zurawski SM, Zurawski G & de Vries JE. (1993). An interleukin 4 (IL-4) mutant protein inhibits both IL-4 or IL-13-induced human immunoglobulin G4 (IgG4) and IgE synthesis and B cell proliferation: support for a common component shared by IL-4 and IL-13 receptors. *J Exp Med* **178,** 2213-2218.

Badar A, Saeed W, Hussain M & Aslam M. (2004). Correlation of eosinophil cationic protein with severity of asthma. *J Ayub Med Coll Abbottabab* **16,** 66-71.

Banchereau J, Bazan F, Blanchard D, Brie F, Galizzi JP, van Kooten C, Liu YJ, Rousset F & Saeland S. (1994). The CD40 Antigen and its Ligand. *Annual Review of Immunology* **12,** 881-926.

Berger M, Albrecht B, Berces A, Ettmayer P, Neruda W & Woisetschlager M. (2001). S(+)-4-(1-Phenylethylamino)quinazolines as inhibitors of human immunoglobulin E synthesis: potency is dictated by stereochemistry and atomic point charges at N-1. *J Med Chem* **44,** 3031-3038.

Bishop GA & Hostager BS. (2001). B lymphocyte activation by contact-mediated interactions with T lymphocytes. *Curr Opin Immunol* **13,** 278-285.

Bishop GA & Hostager BS. (2003). The CD-40-CD154 interaction in B cell-T cell liaisons. *Cytokine Growth Factor Rev* **14,** 297-309.

Borish L, Aarons A, Rumbyrt J, Cvietusa P, Negri J & Wenzel S. (1996). Interleukin-10 regulation in normal subjects and patients with asthma. *J Allergy Clin Immunol* **97,** 1288-1296.

Boumendjel A, Tawk L, De Waal Malefyt R, Boulay V, Yssel H & Pène J. (2006). IL-27 induces the production of IgG1 by human B cells. *European cytokine network* **17,** 281-289.

Boushaki Z, Zidani A, Benguedda M, Leduc V, Aparicio C, Grenapin S, Guerin L & Chabane H. (2004). L'allergie aux blattes dans le sud algérien: une progression alarmante! . *Revue française d'allergologie et d'immunologie clinique* **44,** 342-368.

Bousquet J, Chanez P, Lacoste J, Barneon G, Ghavanian N & Enander I. (1990). Eosinophilic inflammation in asthma. *N Engl J Med* **323,** 1033-1039.

Bousquet J, Demoly P, Vignola AM, Godard P & Michel FB. (1999). Comprendre la maladie asthmatique. *Médecine sciences* **15,** 823-832.

Bousquet J & Michel F. (1998). Food allergy and asthma. *Ann Allergy* **61,** 70-74.

Boyano Martinez T, Garcia-Ara C, Diaz-Pena J & Martin-Esteban M. (2002). Prediction of tolerance on the basis of quantification of egg whitespecific IgE antibodies in children with egg allergy. *J Allergy Clin Immunol* **110,** 304-309.

Braunsahl G, Kleijan A, Overbeek S, Prins J, Hoogsteden H & Fokkens W. (2000). Segmental bronchial provocation induces nasal inflammation in allergic rhinits patients. *Am J respir Crit Care Med* **161,** 2051-2057.

Brière F, Servet-Delprat C, Bridon JM, Saint-Remy JM & Banchereau J. (1994). Human interleukin 10 induces naive surface immunoglobulin D+ (sIgD+) B cells to secrete IgG1 and IgG3. *J Exp Med %R 101084/jem1792757* **179,** 757-762.

Brombacher F, Kastelein RA & Alber G. (2003). Novel IL-12 family members shed light on the orchestration of Th1 responses. *Trends in Immunology* **24,** 207.

Burr ML, Merrett TG, Dunstan FDLJ & Maguire MJ. (1997). The development of allergy in high-risk children. *Clin Exp Allergy* **27,** 1247-1253.

Butcher EC & Picker LJ. (1996). Lymphocyte homing and homeostasis. *Science* **272,** 60-66.

Chanez P, Tunon De Lara JM, Casset A, Girodet PO, De Blay F & Magnan A. (2005). Immunoglobuline E et maladies respiratoires. *Revue des maladies respiratoires* **22,** 967-981.

Charles A, Sabouraud D, Lavaud F, Lebargy F & Motte J. (2004). Allergies alimentaires précoces du nourrisson de 6 à 18 mois. *Revue française d'allergologie et d'immunologie clinique* **44,** 382-388.

Chen Q, Ghilardi N, Wang H, Baker T, Xie M-H, Gurney A, Grewal IS & de Sauvage FJ. (2000). Development of Th1-type immune responses requires the type I cytokine receptor TCCR. *Nature* **407,** 916.

Cook GP & Tomlinson IM. (1995). The human immunoglobulin VH repertoire. *Immunol Today* **16,** 237-242.

Crespo I, Pascual C, Dominguez C, Ojeda I, Munoz F & Esteban M. (1995). Allergic reactions associated with auborne fish particles in IgE-mediated fish hypersensitive patients. *Allergy* **50,** 257-261.

Custovic A, Hallam CL, Simpson BM, Craven M, Simpson A & Woodcock A. (2001). Decreased prevalence of sensitization to cats with high exposure to cat allergen. *J Allergy Clin Immunol* **108,** 537-539.

Dannaeus A. (1993). Age-related antibody response to food antigens. *Pediatr Allergy Immunol* **4,** 21-24.

David B. (1996). Génétique et atopie. *Médecine thérapeuthique* **2,** 421-424.

De Waal Malefyt R, Abrams JS, Zurawski SM, Lecron JC, Mohan-Peterson S, Sanjanwala B, Bennett B, Silver J, de Vries JE & Yssel H. (1995). Differential regulation of IL-13 and IL-4 production by human CD8+ and CD4+ Th0, Th1 and Th2 T cell clones and EBV-transformed B cells. *Int Immunol* **7,** 1405-1416.

Defrance T, Aubry JP, Rousset F, Vanbervliet B, Bonnefoy JY, Arai N, Takebe Y, Yokota T, Lee F & Arai K. (1987). Human recombinant interleukin 4 induces Fc epsilon receptors (CD23) on normal human B lymphocytes. *J Exp Med* **165,** 1459-1467.

Devergne O, Hummel M, Koeppen H, Le Beau MM, Nathanson EC, Kieff E & Birkenbach M. (1996). A novel interleukin-12 p40-related protein induced by latent Epstein- Barr virus infection in B lymphocytes [published erratum appears in J Virol 1996 Apr;70(4):2678]. *J Virol* **70**, 1143-1153.

Dutau G. (1996). Les allergènes aéroportés. Monographie sur l'allergologie en cas clinique. 22-25.

Dutau G. (2004). Biologie en allergologie. Conduite à tenir devant une hyperéosinophilie. *Rev Fr Allergol et Immunol* **44**, 664-667.

Dutau G, Rancé F & Juchet A. (1995). Allergies alimentaires chez l'enfant. Aspects nouveaux. *Rev Franç Allergol* **35**, 297-303.

Dutau G, Rancé F, Juchet A & Brémont F. (1998). Asthme du nourrisson et syndrome d'allergies multiples. Asthme du nourrisson et du petit enfant. *Paris : Arnette* 149-154.

Dykewicz M & Fineman S. (1998). Executive summary of joint Task Force Pratice Parameters on diagnosis and management of rhinitis. *Ann Allergy Asthma Immunol* **81**, 463-468.

Eigenmann PA & Zamora SA. (2002). An internet - based survey on the circumstances of food-induced reactions following the diagnosis of IgE-mediated food allergy. *Allergy* **57**, 449-453.

Ettinger R, Sims GP, Fairhurst A-M, Robbins R, da Silva YS, Spolski R, Leonard WJ & Lipsky PE. (2005). IL-21 Induces Differentiation of Human Naive and Memory B Cells into Antibody-Secreting Plasma Cells. *J Immunol* **175**, 7867-7879.

Faris M, Gaskin F, Parsons JT & Fu SM. (1994). CD40 signaling pathway: anti-CD40 monoclonal antibody induces rapid dephosphorylation and phosphorylation of tyrosine-phosphorylated proteins including protein tyrosine kinase Lyn, Fyn and Syk and the appearance of a 28kD tyrosine phosphorylated protein. *J Exp Med* **179**, 1923-1931.

Fauquert J, Beaujon G, Héraud M, Doly M & Labbé A. (1997). Intérêt du dosage sérique de la protéine cationique des éosinophiles chez l'enfant asthmatique. Notre expérience à propos de l'analyse de 166 cas en hospitalisation de jour. *Rev Fr Allergol* **37,** 227-232.

Fecteau JF & Neron S. (2003). CD40 Stimulation of Human Peripheral B Lymphocytes: Distinct Response from Naive and Memory Cells. *J Immunol* **171,** 4621-4629.

Feuillard J, Taylor D, Casamayor-Palleja M, Johnson GD & MacLennan IC. (1995). Isolation and characteristics of tonsil centroblasts with reference to Ig class switching. *Int Immunol* **7,** 121-130.

Finkelman FD, Katona IM, Mosmann TR & Coffman RL. (1988). IFN-gamma regulates the isotypes of Ig secreted during in vivo humoral immune responses. *J Immunol* **140,** 1022-1027.

Fujieda S, Saxon A & Zhang K. (1996). Direct evidence that gamma 1 and gamma 3 switching in human B cells is interleukin-10 dependent. *Mol Immunol* **33 (17-18),** 1335-1343.

Gagro A, Servis D, Cepika A-M, Toellner K-M, Grafton G, Taylor DR, Branica S & Gordon J. (2006). Type I cytokine profiles of human naïve and memory B lymphocytes: a potential for memory cells to impact polarization. *Immunology* **118,** 66-77.

Garceau N, Kosaka Y, Masters S, Hambor J, Shinkura R, Honjo T & Noelle RJ. (2000). Lineage-restrited function of nuclear factor kappa B-including kinase (NIK) in transducing signals via CD40. *J Exp Med* **191,** 381-386.

Geha RS. (2003). *Nature Reviews Immunology* **3,** 721-732.

Grammer AC & Lipsky PE. (2000). CD40-mediated regulation of immune responses by TRAF-dependent and TRAF-independent signaling mechanisms. *Adv Immunol* **76,** 61-178.

Guilloux L & Hamberber C. (2004). Evaluation du dosage des IgE spécifiques sur l'Immulite® 2000 DPC. *Immuno-analyse & Biologie spécialisée* **19,** 71-80.

Haagerup A, Bjerke T, Schiotz P, Binderup H, Dahl R & Kruse T. (2002). Asthma and atopy - a total genome scan for susceptibility genes. *Allergy* **57,** 680-686.

Halonnen M, Stern D, Wright A, Taussig L & Martinez F. (1997). Alternaria as a major allergen for asthma in children raised in a desert environment. *Am J Crit Care Med* **155,** 1356-1361.

Hanissian SH & Geha RS. (1997). Jak3 is associated with CD40 and is critical for CD40 industion of gene expression in B cells. *Immunity* **6,** 379-387.

Hayashida H, Miyata T, Yamawaki-Kataoka Y, Honjo T, Wels J & Blattner F. (1984). Concerted evolution of the mouse immunoglobulin gamma chain genes. *EMBO J,* 2047-2053.

Hensley A, S., Zoratti E, Peterson E, Maliarik M, Ownby D & Cole Johnson C. (2004). Parental history of atopic disease: disease pattern and risk of pediatric atopy in offsprings. *J Allergy Clin Immunol* **114,** 1046-1050.

Holgate ST & Church MK. (1993). Allergologie. *De Boeck Univesité,* 322p.

Honjo T, Kinoshita K & Muramatsu M. (2002). Molecular mechanisme of class switch recombinaison: Linkage with Somatic Hypermutation. *Annual Review of Immunology* **20,** 165-196.

Hopkin JM. (1997). Mechanisms of enhanced prevalence of asthma and atopy in developed countries. *Curr Opin Immunol* **9,** 788-792.

Hudak SA, Gollnick SO, Conrad DH & Kehry MR. (1987). Free in PMC Murine B-cell stimulatory factor 1 (interleukin 4) increases expression of the Fc receptor for IgE on mouse B cells. *Proc Natl Acad Sci U S A* **84,** 4606-4610.

Ishizaka K & Ishizaka T. (1967). *J Immunol* **99,** 1187.

Jabara HH, Ackerman SJ, Vercelli D, Yokota T, Arai K, Abrams J, Dvorak AM, Lavigne MC, Banchereau J & De Vries J. (1988). Induction of interleukin-4-

dependent IgE synthesis and interleukin-5-dependent eosinophil differentiation by supernatants of a human helper T-cell clone. *J Clin Immunol* **8,** 437-446.

Jabara HH, Fu SM, Geha RS & Vercelli D. (1990). CD40 and IgE: synergism between anti-CD40 monoclonal antibody and interleukin 4 in the induction of IgE synthesis by highly purified human B cells. *J Exp Med* **172,** 1861-1864.

Jacob J & Kelsoe G. (1992). In situ studies of the primary immune response to (4-hydroxy-3-nitrophenyl)acetyl. II. A common clonal origin for periarteriolar lymphoid sheath-associated foci and germinal centers. *J Exp Med* **176,** 679-687.

Jacquot S, Kobata T, Iwata S, Morimoto C & Shlossman SF. (1997). CD154/CD40 and CD70/CD27 interactions have different and sequential functions in T cell-dependant B cell responses : enhancement of plasma cell differentiation by CD27 signaling. *J Immunol* **159** 2652-2657.

Jerray M. (1998). L'enseignement de l'allergologie dans les pays du Maghreb. *Revue française d'allergologie et d'immunologie clinique* **38,** S114-S115.

Johansson SG. (1967). Raised levels of a new immunoglobulin class (IgND) in asthma. *Lancet* **2,** 951-953.

Joseph-Bowen J, de Klerk N, Holt P & Sly P. (2004). Relationship of asthma, atopy, and bronchial responsiveness to serum eosinophil cationic protein in early childhood. *J Allergy Clin Immunol* **114,** 1040-1045.

Just J, Fournier L, Goudard E, Momas I, Sahraoui F & Grimfeld A. (2003). L'éosinophile et le neutrophile alvéolaires chez l'enfant asthmatique : quelle signification clinique ? *Revue française d'allergologie et d'immunologie clinique* **43,** 153-158.

Kalach N, Soulaines P, Guérin S, de Boissieu D & Dupont C. (2004). IgE totales et IgE spécifiques des aliments de l'enfant (Rast Fx5®) au cours de la croissance de l'enfant. *Revue française d'allergologie et d'immunologie clinique* **44,** 389-395.

Kang B, Johnson J & Veres-Thorner C. (1993). Atopic profile of inner-city asthma with a comparative analysis on the cockroach-sensitive and ragweed-sensitive subgroups. *J Allergy Clin Immunol* **92,** 802-811.

Kawano Y & Noma T. (1995). Dual action of IL-4 on mite antigen-induced IgE synthesis in lymphocytes from individuals with bronchial asthma. *Clin Exp Immunol* **102,** 389-394.

Kichimoto T. (2005). Interleukin-6: from basic science to medicine-40 years in immunology. *Annual Review of Immunology* **23,** 1.

Klein U, Rajewsky K & Kuppers R. (1998). Human immunoglobulin (Ig)M+IgD+ peripheral blood B cells expressing the CD27 cell surface antigen carry somatically mutated variable region genes: CD27 as a general marker for somatically mutated (memory) B cells. *J Exp Med* **188,** 1679-1689.

Kopf M, Le Gros G, Bachmann M, Lamers MC, Bluethmann H & Kohler G. (1993). Disruption of the murine IL-4 gene blocks Th2 cytokine responses. *Nature* **362,** 245-248.

Korthauer U, Graf D, Mages HW, Brière F, Padayachee M, Malcolm S, Ugazio AG, Notarangelo LD, Levinsky RJ & Kroczek RA. (1993). Defective expression of T-cell CD40 ligand causes X-linked immunodeficiency with hyper-IgM. *Nature* **361,** 539-541.

Kourta D. (2005). Alger infestée d'acariens. *Congrès Euro-Maghrébin d'allergologie 14 juin* **El Watan- Algérie** in Revue de presse de la sante des pays du Maghreb www.Santemaghreb.com.

Kuppers R, Zhao M, Hansmann ML & Rajewsky K. (1993). Tracing B cell development in human germinal centres by molecular analysis of single cells picked from histological sections. *Embo J* **12,** 4955-4967.

Lam N & Sugden B. (2003). LMP1, a viral relative of TNF receptor family, signals principally from intracellular compartments. *EMBO J* **22,** 3027-3038.

Lamkhioued B, Aldebert D, Gounni AS, Delaporte E, Goldman M, Capron A & Capron M. (1995). Synthesis of cytokines by eosinophils and their regulation. *Int Arch Allergy Immunol* **107,** 122-123.

Lanzavecchia A. (1985). Antigen-specific interaction between T and B cells. *Nature* **314,** 537-539.

Larousserie F, Bardel E, Pflanz S, Arnulf B, Lome-Maldonado C, Hermine O, Bregeaud L, Perennec M, Brousse N, Kastelein R & Devergne O. (2005). Analysis of Interleukin-27 (EBI3/p28) Expression in Epstein-Barr Virus- and Human T-Cell Leukemia Virus Type 1-Associated Lymphomas: Heterogeneous Expression of EBI3 Subunit by Tumoral Cells. *Am J Pathol* **166,** 1217-1228.

Larousserie F, Charlot P, Bardel E, Froger J, Kastelein RA & Devergne O. (2006). Differential Effects of IL-27 on Human B Cell Subsets. *J Immunol* **176,** 5890-5897.

Larousserie F, Pflanz S, Coulomb-L'Hermine A, Brousse N, Kastelein R & Devergne O. (2004). Expression of IL-27 in human Th1-associated granulomatous diseases. *The Journal of Pathology* **202,** 164-171.

Lebecque S, de Bouteiller O, Arpin C, Banchereau J & Liu YJ. (1997). Germinal center founder cells display propensity for apoptosis before onset of somatic mutation. *J Exp Med* **185,** 563-571.

Lelièvre E, Plun-Favreau H, Chevalier S, Froger J, Guillet C, Elson G, Gauchat J-F & Gascan H. (2001). Signaling pathways recruited by the cardiotrophin-like cytokine/cytokine-like factor-1 composite cytokine: specific requirement of the membrane-bound form of ciliary neurotrophic factor receptor alpha component. *J Biol Chem* **276,** 22476-22484.

Leynaert B, Bousquet J, Neukirch C, Liard R & Neukirch F. (1999). Perennial rhinitis : an independent risk factor for asthma in nonatopic subjects : results from the european community respiratory health survey. *J Allergy Clin Immunol* **104,** 301.

Liu YJ, Malisan F, de Bouteiller O, Guret C, Lebecque S, Banchereau J, Mills FC, Max EE & Martinez-Valdez H. (1996). Within germinal centers, isotype switching of immunoglobulin genes occurs after the onset of somatic mutation. *Immunity* **4,** 241-250.

Liu YJ, Zhang J, Lane PJ, Chan EY & MacLennan IC. (1991). Sites of specific B cell activation in primary and secondary responses to T cell-dependent and T cell-independent antigens. *Eur J Immunol* **21,** 2951-2962.

Lundgren M, Persson U, Larsson P, Magnusson C, Smith C, Hammarstrom L & Severinson E. (1989). Interleukin 4 induces synthesis of IgE and IgG4 in human B cells. *Eur J Immunol* **19,** 1311-1315.

MacLennan IC & Liu YJ. (1991). Marginal zone B cells respond both to polysaccharide antigens and protein antigens. *Res Immunol* **142,** 346-351.

Magnan A, Mamessier E, Botturi K, Ghosh D & Vervloet D. (2006). Immunopathologie de l'asthme sévère. *Rev fr allergol immuno clin* **46,** 138-141.

Mahouachi R, Fennira H & Benkheder A. (1998). La prise en charge de l'asthmatique dans les pays du Maghreb. *Revue française d'allergologie et d'immunologie clinique* **38,** S128-S131.

Malandain H. (2003). Stratégies d'exploration fonctionnelle et de suivi thérapeutique Quelle valeur clinique accorder aux résultats chiffrés des dosages d'IgE spécifiques ? . *Immuno-analyse & Biologie spécialisée* **18** 144-151.

Matsuda F, Ishii K, Bourvagnet P, Kuma K, Hayashida H, Miyata T & Honjo T. (1998). *J Exp Med* **188,** 2151-2162.

Minty A. (1999). *médecine sciences* **15,** 863-867.

Miyazaki Y, Inoue H, Matsumura M, Matsumoto K, Nakano T, Tsuda M, Hamano S, Yoshimura A & Yoshida H. (2005). Exacerbation of Experimental Allergic Asthma by Augmented Th2 Responses in WSX-1-Deficient Mice. *J Immunol* **175,** 2401-2407.

Moffatt MF, Faux JA, Lester S, Pare P, McCluskey J, Spargo R, James A, Musk AW & Cookson W. (2003). Atopy, respiratory function and HLA-DR in Aboriginal Australians. *Human Molecular Genetics* **12,** 625-630.

Mond JJ, Finkelman FD, Sarma C, Ohara J & Serrate S. (1985). Recombinant interferon-gamma inhibits the B cell proliferative response stimulated by soluble but not by Sepharose-bound anti-immunoglobulin antibody. *J Immunol* **135,** 2513-2517.

Moneret-Vautrin DA, Kanny G, Rancé F & Dutau G. (1996). Evaluation des moyens diagnostics de l'allergie alimentaire dans 113 cas de dermatite atopique. *Rev Fr Allergol et Immunol* **36,** 239-244.

NIH. (1995). Global Strategy for asthma management and prevention. *wwwginasthmaorg***,** NIH publication.

Ohnukia LE, Wagnera LA, Georgelasa A, Loegeringb DA, Checkelb JL, Plagerb DA & Gleicha GJ. (2005). Differential extraction of eosinophil granule proteins. *J Immunol Methods* **307,** 54-61.

Pascual V, Liu YJ, Magalski A, de Bouteiller O, Banchereau J & Capra JD. (1994). Analysis of somatic mutation in five B cell subsets of human tonsil. *J Exp Med* **180,** 329-339.

Pauli G, Purohit A, Oster JP, de Blay F, Vrtala S & Niederberger V. (2000). Comparison of genetically engineered hypoallergenic rBetv1 derivatives with rBetv1 wild-type by skin prick and intrademal testing : results obtained in a French population. *Clin Exp Allergy* **30,** 1076-1084.

Peat JK, Salome CM & Woolcock AJ. (1990). Longitudinal changes in atopy during a 4-year period : Relation to bronchial hyperresponsiveness and respiratory symptoms in a population sample of Australian schoolchildren. *J Allergy Clin Immunol* **85,** 65-74.

Pène J, Chretien I, Rousset F, Brière F, Bonnefoy J & de-Vrie J. (1989). Modulation of IL-4 induced human IgE production in vitro by IFN-γ and IL-5 : the role of soluble CD23 (s-CD23). *J Cell Biochem* **39,** 253-264.

Pène J, Gauchat J-F, Lécart S, Drouet E, Guglielmi P, Boulay V, Delwail A, Foster D, Lecron J-C & Yssel H. (2004). Cutting Edge: IL-21 Is a Switch Factor for the Production of IgG1 and IgG3 by Human B Cells. *J Immunol* **172,** 5154-5157.

Pène J, Rivier A, Lagier B, Becker W, Michel F & Bousquet J. (1994). Differences in IL-4 release by PBMC are related with heterogeneity of atopy. *Immunology* **81,** 58-64.

Pène J, Rousset F, Brière F, Chrétien I, Bonnefoy J-Y, Spits H, Yokota T, Arai N, Arai K-I, Banchereau J & Vries JED. (1988a). IgE Production by Normal Human Lymphocytes is Induced by Interleukin 4 and Suppressed by Interferons gamma and alpha and Prostaglandin E2. *Proc Natl Acad Sci U S A* **85,** 6880-6884.

Pène J, Rousset F, Briere F, Chretien I, Paliard X, Banchereau J, Spits H & De Vries JE. (1988b). IgE production by normal human B cells induced by alloreactive T cell clones is mediated by IL-4 and suppressed by IFN-gamma. *J Immunol* **141,** 1218-1224.

Petronella S & Conboy-Ellis K. (2003). Asthma epidemiology : risk factors, case finding, and the role of asthma conditions. *Nurs Clin North Am* **38,** 725-735.

Pflanz S, Hibbert L, Mattson J, Rosales R, Vaisberg E, Bazan JF, Phillips JH, McClanahan TK, de Waal Malefyt R & Kastelein RA. (2004). WSX-1 and Glycoprotein 130 Constitute a Signal-Transducing Receptor for IL-27. *J Immunol* **172,** 2225-2231.

Pflanz S, Timans JC, Cheung J, Rosales R, Kanzler H, Gilbert J, Hibbert L, Churakova T, Travis M & Vaisberg E. (2002). IL-27, a Heterodimeric Cytokine

Composed of EBI3 and p28 Protein, Induces Proliferation of Naive CD4+ T Cells. *Immunity* **16,** 779-790.

Ponvert C. (2004). Allergologie pédiatrique. Quoi de neuf ? Une revue de la littérature internationale d'octobre 2002 à septembre 2003. *Archives de pédiatrie* **11,** 1525-1541.

Prescott SL, Macaubas C, Smallacombe T, Holt BJ, Sly PD & Holt PG. (1999). Development of allergen-specific T-cell memory in atopic and normal chidren. *Lancet* **353,** 196- 200.

Punnonen J, Aversa G, Cocks BG, McKenzie AN, Menon S, Zurawski G, de Waal Malefyt R & de Vries JE. (1993). Free in PMC Interleukin 13 induces interleukin 4-independent IgG4 and IgE synthesis and CD23 expression by human B cells. *Proc Natl Acad Sci U S A* **90,** 3730-3734.

Rancé F, Fargeot-Espaliat A, Rittie J, Micheau P, Morelle K & Abbal M. (2003). Valeur diagnostiques du dosage des IgE spécifiques dirigées contre le blanc d'œuf dans le diagnostic de l'allergie alimentaire à l'œuf de poule chez l'enfant. *Revue française d'allergologie et immunologie clinique* **43,** 369-372.

Rancé F, Juchet A, Fejji S, Brémont F & Dutau G. (1995). Répartition des sensibilisations en pneumo-allergologie pédiatrique. *Rev fr Allergol* **35,** 9-12.

Rancé F, Kanny G, Dutau G & Moneret-Vautrin DA. (1999). Food hypersensitivity in children : Clinical aspects and distribution of allergens. *Pediatr Allergy Immunol* **10,** 33-38.

Rauh V, Chew G & Garfinkel R. (2002). Deteriorated housing contributes to high cockroach allergen levels in inner-city households. *Environ Health Perspect* **110,** 323-327.

Riffo-Vasquez Y & Spina D. (2002). Role of cytokines and chemokines in bronchial hyperresponsiveness and airway inflammation. *Pharmacol Ther* **94,** 185-211.

Roberts G, Golder N & Lack G. (2002). Bronchial challenges with aerosolized food in asthmatic, food-allergic children. *Allergy* **57,** 713-717.

Roitt I, Brostoff J & Male D. (1985). Hypersensibilité-Type I In : Immunologie fondamentale et appliquée. *Medsi, Paris* **19.1** 18-19.

Ronchetti R, Villa M, Rennerova Z, Haluszka J, Dawi E, Di Felice G, Al-Bousafy A, Zakrzewski J, Barletta B & Barreto M. (2005). Alergen skin weal/radioallergosorbent test relationship in childhood populations that differ in histamine skin reactivity: a multi-national survey. *Clin Exp Allergy* **35,** 70-74.

Rosenstreich D, Eggleston P, Kattan M, Beker D, Slavin R, Gergen P, Mitchell H, McNiff-Mortimer K, Lynn H, Ownby D & Malveaux F. (1997). The role of cockroach allergy and exposure to cockroach allergen in causing morbidity among inner-city children with asthma. *N Engl J Med* **336,** 1356-1363.

Rothe M, Sarma V, Dixit VM & Goeddel DV. (1995). TRAF2-mediated activation of NF-Kappa B by TNF receptor 2 and CD40. *Science* **269,** 1424-1427.

Scheffold A, Assenmacher M & Radbruch A. (2002). Phenotyping and separation of leukocyte populations based on affinity labelling. *In Methods in Microbiology* **32,** 707-749.

Shimizu S, Sugiyama N, Masutani K, Sadanaga A, Miyazaki Y, Inoue Y, Akahoshi M, Katafuchi R, Hirakata H, Harada M, Hamano S, Nakashima H & Yoshida H. (2005). Membranous Glomerulonephritis Development with Th2-Type Immune Deviations in MRL/lpr Mice Deficient for IL-27 Receptor (WSX-1). *J Immunol* **175,** 7185-7192.

Sigurs N, Httevig G, Kjellman B, Kjellman N, Nilsson L & Bjorksten B. (1994). Appearance of atopic disease in relation to serum IgE antibodies in children followed up from birth for 4 to 15 years. *J Allergy Clin Immunol* **94,** 757-563.

Snapper CM & Paul WE. (1987). Interferon-gamma and B cell stimulatory factor-1 reciprocally regulate Ig isotype production. *Science* **236,** 944-947.

Snapper CM, Peschel C & Paul WE. (1988). IFN-gamma stimulates IgG2a secretion by murine B cells stimulated with bacterial lipopolysaccharide. *J Immunol* **140**, 2121-2127.

Sohn M, Lee S, Lee K & Kim K. (2005). Comparison of Vidas Stallertest and Pharmacia CAP assays for detection of specific IgE antibodies in allergic children. *Ann Clin Lab Sci* **35**, 318-322.

Steiniger B, Timphus EM & Jacob R. (2005). CD27$^+$ B cells in human lymphatic organs: re-evaluating the splenic marginal zone. *Immunology* **116**, 429.

Steinke JW & Borish L. (2006). *J Allergy Clin Immunol* **117**, 441-445.

Tangye SG, Avery DT, Deenick EK & Hodgkin PD. (2003). Intrinsic Differences in the Proliferation of Naive and Memory Human B Cells as a Mechanism for Enhanced Secondary Immune Responses. *J Immunol* **170**, 686-694.

Tangye SG, Ferguson A, Avery DT, Ma CS & Hodgkin PD. (2002). Isotype Switching by Human B Cells Is Division-Associated and Regulated by Cytokines. *J Immunol* **169**, 4298-4306.

Thomas NS, Wilkinson J & Holgate ST. (1997). The candidate region approach to the genetics of asthma and allergy. *AM J RESPIR CRIT CARE MED* **156**, S144-S151.

Thyphronitis G, Tsokos GC, June CH, Levine AD & Finkelman FD. (1989). Free in PMC IgE secretion by Epstein-Barr virus-infected purified human B lymphocytes is stimulated by interleukin 4 and suppressed by interferon gamma. *Proc Natl Acad Sci U S A* **86**, 5580-5584.

Tillie-Leblond I, Iliescu C & Deschidre A. (2004). Physiopathologie de la réaction inflammatoire dans l'asthme. *Archives de pédiatrie* **11**, 58s-64s.

Toellner KM, Gulbranson-Judge A, Taylor DR, Sze DM & MacLennan IC. (1996). Immunoglobulin switch transcript production in vivo related to the site and time of antigen-specific B cell activation. *J Exp Med* **183**, 2303-2312.

Trinchieri G. (1989). Biology of natural killer cells. *Adv Immunol* **47**, 187-376.

Trinchieri G. (2003). Interleukine-12 and the regulation of innate resistance and adaptative immunity. *Nat Rev Immunol* **3,** 133-146.

Valle A, Zuber C, Defrance T, Djossou O, De Rie M & Banchereau J. (1989). Activation of human B lymphocytes through CD40 and interleukin 4. *Eur J Immunol* **Aug;19(8),** 1463-1467.

Vercelli D & Geha RS. (1991). Regulation of IgE synthesis in humans : a tale of two signals. *J Allergy Clin Immunol* **88,** 285-295.

Villarino AV, Huang E & Hunter CA. (2004). Understanding the Pro- and Anti-Inflammatory Properties of IL-27. *J Immunol* **173,** 715-720.

Wahn U, Bergmann R, Kulig M, Forster J & Bauer CP. (1997). The natural course of sensitisation and atopic disease in infancy and childhood. *Pediatr Allergy Immunol* **8,** 16-20.

Weisnagel J. (1990). L'Asthme et l'allergie. *Médecine Moderne* **rapport spécial,** http://www.ncbi.nlm.nih.gov.

Weller P, Lim K & Wan H. (1996). Role of the eosinophil in allergic reactions. *Eur Respir J* **9,** s109-s115.

Yoshimoto T, Okada K, Morishima N, Kamiya S, Owaki T, Asakawa M, Iwakura Y, Fukai F & Mizuguchi J. (2004). Induction of IgG2a Class Switching in B Cells by IL-27. *J Immunol* **173,** 2479-2485.

Yssel H, De Vries JE, Koken M, Van Blitterswijk W & Spits H. (1984). Serum-free medium for generation and propagation of functional human cytotoxic and helper T cell clones. *Journal of Immunological Methods* **72,** 219.

Yssel H, Johnson K, Schneider P, Wideman J, Terr A, Kastelein R & De Vrie J. (1991). T cell activation-inducing epitopes of the house dust mite allergen Der p I. Proliferation and lymphokine production patterns by Der p I-specific CD4+ T cell clones. *J Immunol* **148,** 738- 745.

ANNEXE 1: LE QUESTIONNAIRE

Numéro du malade

Fait le .... *A* ....

Nom / Prénom / Sexe لقب . اسم . جنس	
Date / lieu de naissance تاريخ . مكان الازدياد	
Adresse / N° tél عنوان . رقم الهاتف	
Tableau clinique الجدول السريري	
Explorations cliniques الاختبارات السريرية	
Traitement العلاج	**Médecin traitant** الطبيب المعالج

Date de la 1ère Crise	تاريخ أول نوبة	**Pathologies associées** أمراض مقترنة

Antécédents familiaux سوابق مرضية عائلية			
Tabagisme تدخين	**Actif:** مدخن	**Passif:** متأثر بالتدخين	
Allaitement maternel رضاعة أموية	**Jusqu'à quel âge:** إلى غاية أي سن:		

Prénom du père **Date/lieu de naissance** اسم الأب. تاريخ و مكان الازدياد		**Région (Douar) d'Origine** المنطقة (الدوار)الأصلية	**Lien de consanguinité** قرابة عائلية بالدم
Prénom de la mère **Date/lieu de naissance** اسم الأم. تاريخ و مكان الازدياد			

Allergies constatées et/ou confirmées حساسيات ملاحظة أو مؤكدة	**Respiratoires:** تنفسية	**Médicamenteuses:** دوائية	**Alimentaires:** غذائية	**Autre:** أخرى
Animaux domestiques حيوانات منزلية	**Chat:** قط	**Chien:** كلب	**Blatte:** قرلو	**Autre:** أخرى
Environnement domestique محيط داخلي	**Literie en Laine:** فراش من صوف		**Humidité:** رطوبة	**Autre:** أخرى
Environnement externe محيط خارجي	**Activité industrielle** نشاط صناعي	**Végétation** نباتات	**Proximité de véhicules** قرب سيارات	**Poussière** غبار / **Autre** أخرى

155

ANNEXE 2 : LA PRODUCTION SCIENTIFIQUE (au jour de la soutenance, le 18 juin 2007):

Publication

In

European Cytokine Network, Vol 17 n°4, December 2006, 281-9

IL-27 INDUCES THE PRODUCTION OF IgG1 BY HUMAN B CELLS

Amel Boumendjel[1,2], Lina Tawk[1], René de Waal Malefijt[3], Vera Boulay[1], Hans Yssel[1], Jérôme Pène[1]

[1] INSERM U454, CHU Arnaud de villeneuve, Montpellier, France

[2] Université Badji-Mokhtar, Annaba, Algeria

[3] Department of Experimental Pharmacology and Pathology, Schering-Plough Biopharma, Palo Alto, CA, USA

156

Eur. Cytokine Netw., Vol. 17 n° 4, December 2006, 281-9

IL-27 induces the production of IgG1 by human B cells

Amel Boumendjel[1,2], Lina Tawk[1], René de Waal Malefijt[3], Vera Boulay[1], Hans Yssel[1], Jérôme Pène[1]

[1] Inserm U454, CHU Arnaud de Villeneuve, 371 av. Doyen Gaston-Giraud, 34295 Montpellier Cedex 05, France
[2] Université Badji-Mohktar, Annaba, Algeria
[3] Department of Experimental Pharmacology and Pathology, Schering-Plough, Biopharma, Palo Alto, CA, USA

Correspondence : H. Yssel
<yssel@montp.inserm.fr>

ABSTRACT. It has been reported that IL-27 specifically induces the production of IgG2a by mouse B cells and inhibits IL-4-induced IgG1 synthesis. Here, we show that human naïve cord blood expresses a functional IL-27 receptor, consisting of the TCCR and gp130 subunits, although at lower levels as compared to naïve and memory splenic B cells. IL-27 does not induce proliferative responses and does not increase IgG1 production by CD19+CD27+ memory B cells. However, it induces a low, but significant production of IgG1 by naïve CD19+CD27-IgD+IgG- spleen and cord blood B cells, activated via CD40, whereas it has no effect on the production of the other IgG subclasses. In addition, IL-27 induces the differentiation of a population of B cells that express high levels of CD38, in association with a down-regulation of surface IgD expression, and that are surface IgG+/int, CD20low, CD27high, indicating that IL-27 promotes isotype switching and plasma cell differentiation of naïve B cells. However, as compared to the effects of IL-21 and IL-10, both switch factors for human IgG1 and IgG3, those of IL-27 are modest and regulate exclusively the production of IgG1. Finally, although IL-27 has no effect on IL-4 and anti-CD40-induced Cε germline promoter activity, it up-regulates IL-4-induced IgE production by naive B cells. These results point to a partial redundancy of switch factors regulating the production of IgG1 in humans, and furthermore indicate the existence of a common regulation of the human IgG1 and murine IgG2a isotypes by IL-27.

Keywords: cytokines, immunoglobulin, interleukin-27, B cell, isotype switching

IL-27 is a heterodimeric cytokine belonging to a family of structurally related cytokines that also includes IL-12, IL-23 and IL-6 [1]. It is produced in humans, by activated, antigen-presenting cells, such as monocytes, macrophages and monocyte-derived dendritic cells, as well as by endothelial cells [1-3]. IL-27 is composed of two chains, the EBV-induced gene3 (EBI3), a 33-kDa glycosylated protein, and a 28-kDa protein that are homologous to the p40 [4] and the p35 subunits of IL-12 [1, 5] respectively. The functional signal-transducing receptor (R) complex is composed of two chains, TCCR (also known as WSX-1) and gp130 [1, 6], the latter being a receptor component shared by several cytokines of the IL-6 family [7]. Initial studies on IL-27 in the mouse have documented the proinflammatory role of this cytokine that, by synergizing with IL-12 to induce the production of IFN-γ by human naïve CD4+ T cells, contributes to the early differentiation of T cells into Th1 cells [1]. However, results from several studies, using functional IL-27R (WSX-1)-deficient mice, have shown an exacerbated response to a variety of challenges, indicating that IL-27 has important immunoregulatory functions in vivo. The latter notion is underscored by the results from two very recent studies demonstrating that IL-27 inhibits the development of IL-17-producing T cells [8, 9], highlighting the pleiotropic

effects of IL-27, not only as a positive, but also negative regulator of inflammatory immune responses.

Several studies in the literature have addressed the role of IL-27 in B cells. In the mouse, IL-27 has been shown to regulate the production of Ig by B cells. IL-27 regulates the production of IgG2a, as TCCR-deficient mice were found to have reduced total IgG2a serum concentrations, whereas the levels of the other Ig isotypes were normal as compared to those in wild-type animals [10]. Furthermore, IL-27 induces IgG2a class switching in anti-CD40- or LPS-activated splenic mouse B cells, and inhibits IgG1 class switching induced by IL-4 [11]. Finally, in a model of experimentally-induced asthma, Miyazaki et al. have shown that ovalbumin (OVA)-challenged WSX-1−/− mice had increased serum IgE levels as compared with wild-type mice [12]. Although no information about the involvement of IL-27 in human Ig production has been reported, the expression of the IL-27R subunits was reported to be strongly regulated during human B cell differentiation implying that IL-27-mediated effects vary depending on the stage of B cell differentiation [13]. We have therefore analyzed, in the context of IL-27R expression by human naive and memory B cells, whether IL-27 is able to modulate Ig production.

METHODS

Donors and cells

All human umbilical blood cells and spleen cells, used in this study, were obtained in accordance with the guidelines of the ethical committee of the Montpellier University Hospitals. Highly purified (purity > 98%) CD19+ spleen B cells were obtained from human spleen fragments of healthy organ donors (Service de Chirurgie Digestive, CHU St Eloi, Montpellier, France) by positive selection using specific mAb-coated magnetic beads and a preparative magnetic cell sorter (Miltenyi Biotech, Bergisch Gladbach, Germany), as described [14]. Naïve CD27-sIgG- and memory CD27+sIgG+ B cells were then purified following two-color staining of CD19+ B cells with a PE-conjugated anti CD27 mAb (clone M-T271, BD Biosciences, San Jose, CA, USA) and a FITC-labeled mouse anti-human surface (s) IgG mAb (BD Biosciences) and sorting of B cells, using a FACS Vantage® (BD Biosciences), according to the procedure described by Scheffold et al. [15]. Purified naïve CD19+CD27- B cells (purity > 98%) were also isolated from cord blood (Service Maternité, CHU Arnaud de Villeneuve, Montpellier, France) by depletion of the CD2+, CD3+, CD16+, CD36+, CD56+, CD66b+ cells, using the Rosettesep® procedure (StemCell Technologies, Meylan, France), according to the manufacturer's recommendations. The Epstein-Barr virus-negative Burkitt lymphoma cell line BL2-clone 20, containing all the regulatory elements of the human Cε germline promoter of IgE has been described [16].

Culture conditions

Stimulation of B cells for proliferative responses or induction of Ig production was carried out as follows: naïve or memory CD19+ human B lymphocytes (10^6/mL) were cultured with 1 μg/mL of the anti-CD40 mAb 89 [17], in the presence or absence of varying concentrations of recombinant (r)IL-27 (Schering Biopharma, Palo Alto, CA, USA) in flat-bottomed, 96-well culture plates (Nunc, Roskilde, Denmark) in Yssel's medium [18], supplemented with 10% FCS, in sextuplet, in a final volume of 200 μl. For comparison, IL-21 and IL-10 (kind gifts from Dr. Don Foster, Zymogenetics, Seattle, WA, USA and Dr. Francine Brière, Schering-Plough, Dardilly, France, respectively) were added in parallel. For examining the effect of IL-27 on IgE synthesis, rIL-4 (gift from Dr Francine Brière) was added to the culture at 20 ng/mL. Proliferative responses were measured after 5 days of culture at 37° and 5% CO2. After 12 days of incubation, culture supernatants were collected and the respective production of IgG and IgE was quantified by isotype-specific ELISA. For the determination of expression of IL-27R, as well as the state of B cell differentiation, splenocytes were cultured with an irradiated (40 Gy) CD40L-expressing mouse fibroblast L cell line, at a B cell/L cell ratio of 40:1, in the presence or absence of exogenous cytokines. The splenocytes were collected at various periods of culture and analyzed by three-color immunofluorescence and flow cytometry.

Proliferation assay

Proliferative responses were measured by thymidine incorporation by stimulated B cells. After 4 days of culture, 37 kBq of tritiated thymidine ([3H]TdR, Amersham-France, Les Ulis, France) were added to the cultures for 18 h, after which the cells were harvested onto glass fiber sheets, using an automated cell harvester (Tomtec, Orange, CT, USA). Radioactivity was measured, using a microbeta Trilux scintillation counter (Wallac, Turku, Finland).

Cell surface immunofluorescence staining and FACS analysis

The purity of isolated CD19+ B cells (5×10^4 cells per staining) was determined by flow cytometry analysis using FITC-conjugated CD2, CD3 and CD20 T and B cell-specific mAbs (BD Biosciences), whereas sorted naïve (CD27-sIgG-) and memory (CD27+sIgG+) cells were analyzed for control of their respective purity. The expression of IL-27R by BL2 clone 20 cells was determined by flow cytometry, following staining of the cells with the anti-human TCCR mAb (clone 191115, R&D systems Europe, Abingdon, United Kingdom) or the anti-gp130 mAb (clone AN-G30; [19]), both at 20 μg/mL, in parallel with mouse IgG2b or IgG1 (BD Biosciences), used as isotype controls, respectively, and incubation of the cells with a PE-conjugated F(ab')2 goat anti-mouse IgG (Caltag, Burlingame, CA, USA). The expression of IL-27R by naïve and memory B cells in populations of total splenocytes was determined by three-color flow cytometry on the lymphocyte population gated on the size, and granulometry. The staining procedure was identical to that used for the BL2 cells, including incubation of the cells with mouse normal IgG1 (25 μg/mL; SouthernBiotech, Birmingham, AL, USA) to prevent subsequent non-specific binding of mAbs to the PE-conjugated goat anti-mouse IgG antibody. Finally, an anti-CD3-APC and an anti-CD27-FITC mAbs (both from BD Biosciences) were added simultaneously in order to electronically remove the CD3+ cells and to identify the naïve and memory B cell populations. For analysis of the IL-27R expression by purified naïve cord blood B cells, the addition of the anti-CD3-APC mAb was omitted. The expression of cell surface molecules, indicative of isotype switching and B cell differentiation, was analyzed by three-color flow cytometry, using non-separated cell preparations and combinations of an anti-CD3-APC and an anti-CD38-FITC mAbs with the following PE-labeled mAbs: anti-sIgE-PE, anti-sIgD-PE, anti-CD20-PE and anti-CD27-PE (all obtained from BD Biosciences). Cells were analyzed on a FACSCalibur using the CellQuest software (BD Biosciences).

Measurement of Ig production

IgG1, IgG2, IgG3, IgG4 and IgE secretion was determined in culture supernatants by isotype-specific ELISA, as described previously [14].

Analysis of Cε promoter gene activity

The BL2-clone 20 cell line was seeded at 10^6 cells/mL in a 96-well, flat-bottomed tissue culture plate (Nunc) and incubated with 1 μg/mL anti-CD40mAb cross-linked onto a goat anti-mouse IgG (1 μg/mL, Calbiochem, Burlingame,

CA, USA) and of 20 ng/mL rIL-4, in the presence or absence of various concentrations of rIL-27. Where indicated, rIFN-γ (R&D systems) was added at concentrations of 50 and 100 ng/mL. After 24, 48 and 72 h of incubation, the cells were lysed, and luciferase activity was determined using the dual-luciferase reporter assay system (Promega France, Charbonnière, France) on a Lumat luminometer (Berthold, Bad Wildbad, Germany) as described [16].

RESULTS

Naive cord blood B cells express lower levels of a functional IL-27R complex, as compared to naive and memory splenic B cells

Both naive and memory tonsilar B cells have been reported to express the IL-27R, although the latter cells do not show increased proliferation following stimulation with anti-CD40 mAb in the presence of IL-27 [13]. In order to determine whether naive cord blood B cells are responsive to IL-27, the expression of the TCCR and gp130 chains was analyzed by immunofluorescence and flow cytometric analysis. CD27⁻ naive cord blood B cells were found to express very low levels of both chains (figure 1). By comparison, both naive and memory splenic B cells expressed high levels of TCCR, as well as gp130, although both chains were expressed at lower levels by CD27⁻ naive B cells, as compared to CD27⁺ memory B cells (figure 1). Expression levels of both the TCCR and gp130 subunits in

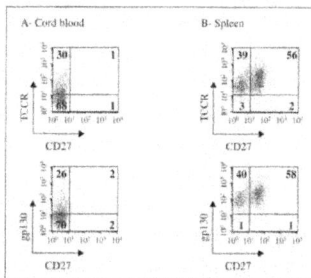

Figure 1

Naive cord blood and naive and memory splenic B cells express the IL-27R. Expression of the TCCR and gp130 chains forming the IL-27R complex in freshly isolated CD19⁺CD27⁻ naive cord blood (A) and splenic CD27 naive and CD27⁺ memory B cells (B) was analyzed by indirect and two- and three-color flow cytometry, respectively. Cell surface expression of CD27 (x-axis) and TCCR or gp130 (y-axis) on lymphocyte-gated cells is represented by a four-decade log scale as dot-blots of correlated FITC and PE fluorescence, respectively. Quadrant markers were positioned to include > 98% of control Ig-stained cells in the lower left quadrant (not shown). For the expression of IL-27R and CD27 on splenic B cells, an anti-CD3-APC mAb was added and B cells were electronically gated on the CD3-APC-negative population. The numbers in the quadrants indicate the percentage of TCCR and/or gp130-expressing naive and memory B cells.

purified cord blood B cells was not significantly affected following stimulation of the cells via CD40, neither at 24 nor 48 h of culture (figure 2). Despite the low expression levels of the IL-27R on CD19⁺CD27⁻ naive cord blood B cells, IL-27 enhanced, in a dose-dependent fashion, the proliferation of anti-CD40-stimulated cord blood B cells (figure 3), indicating that they are responsive to stimulatory effects of IL-27.

IL-27 acts as a specific switch factor for the production of IgG1 by human CD19⁺CD27⁻ naive B cells stimulated with anti-CD40 mAb

The capacity of IL-27 to modulate the production of IgG1, IgG2, IgG3 and IgG4 was investigated using purified human naive B cells. Therefore, splenic, naive B cell populations were separated from isotype-committed memory B cells, based on the concomitant absence of cell surface (s) CD27 and sIgG, by magnetic and double immunofluorescence flow cytometric cell sorting using an anti-sIgG-FITC and an anti-CD27-PE mAb. Reanalysis of sorted B cells showed that naive (CD27⁻sIgG⁻) and memory (CD27⁺sIgG⁺) B cells were about equally represented and their purity after separation was ≥ 98% and ≥ 96% respectively (results not shown). Naive CD19⁺CD27⁻ B cells were activated with anti-CD40 mAb in the presence of increasing concentrations of rIL-27 and the production of Ig was analyzed by isotype-specific ELISA. In all experiments, rIL-27 significantly increased, in a dose-dependant manner, the production of IgG1 by CD19⁺CD27⁻ B cells. This enhancing effect was specific for IgG1, as rIL-27 had no clear and consistent effect on the production of IgG2, IgG3 and IgG4 (figure 4). However, unlike rIL-21, a potent switch factor for the production of human IgG1 and IgG3, rIL-27 enhanced only modestly the production of IgG1 (figure 4) with a mean and maximal increase of 4 fold and 12 fold, respectively (results not shown). Furthermore, in contrast to the effects of IL-21, those of IL-27 were restricted to the IgG1 subclass (figure 5). In order to demonstrate whether IL-27 acts as a switch factor for the induction of IgG1 production by naive B cells, these experiments were repeated using naive cord blood B cells (100% CD19⁺CD27⁻) and a single optimal dose of IL-27. rIL-27 induced, albeit at very low levels, the production of IgG1 by cord blood B cells, while not affecting the production of the other IgG sub-classes (figure 6). Finally, similar results were obtained with splenic B cells stimulated by CD40L-transfected L cells (results not shown). In contrast, rIL-27 had no effect on IgG1 production by CD19⁺CD27⁺ memory B cells, stimulated with either anti-CD40 mAb or CD40L-expressing L cells (results not shown). Taken together, these results indicate that IL-27 specifically induces the production of IgG1 by naive B cells.

IL-27 induces the differentiation of naive B cells into plasma cells

To further determine whether rIL-27 has the capacity to induce isotype switching and the subsequent B cell differentiation into plasma cells, purified splenocyte populations were cultured for varying periods of time in the presence of both anti-CD40 mAb and rIL-27. T cells were excluded by electronically gating on the population of CD3⁻ cells

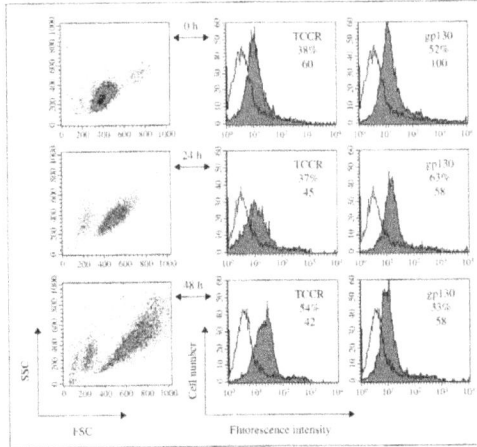

Figure 2

Activation of cord blood B cells does not result in the modulation of either TCCR or gp-130 expression. Purified cord blood B cells were activated with CD40L-expressing mouse fibroblast transfectant for 24 and 48 h, as indicated in Methods. Expression of IL-27R subunits was analyzed as mentioned in *figure 1*. Numbers represent the percentage of positive cells and mean fluorescence intensity.

and naive (CD19⁺CD27⁻sIgD⁺) or memory (CD19⁺ CD27⁺sIgD⁺ and CD19⁺CD27⁺sIgD⁻) B cells were analyzed for changes in the expression of sIgD and CD38, indicative of isotype switching and plasma cell differentiation, respectively. CD38^{high} B cells, which were either sIgD⁻, sIgG⁺/⁻ᵗ, CD20^{low} or CD27⁺, thus representing IgG-producing committed memory B cells, were present at a low frequency (< 2%) in freshly isolated splenocytes and this latter population was not significantly increased when splenic B cells were activated with CD40L in the absence

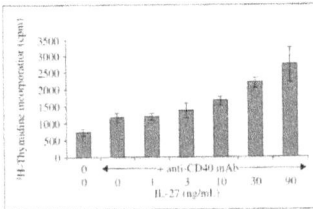

Figure 3

IL-27 induces the proliferation of anti-CD40 mAb-activated cord blood B cells. Purified cord blood B cells were activated with 1 ng/mL of the anti-CD40 mAb and increasing concentrations of rIL-27, in triplicate, for 4 days, and ³H thymidine was added for the last 18 h of culture. Values represent means ± SD of two independent experiments.

of exogenous cytokines (*figure 7A* and B). The addition of rIL-27 to CD40L-activated splenic B cells resulted in a low, but significant, increase in the percentage of B cells devoid of sIgD and expressing high levels of CD38, which reflects a down-regulation of sIgD expression on initially sIgD⁺ naive B cells through a mechanism of isotype switching and their subsequent differentiation into a CD38^{high} plasma cell phenotype (*figure 7A*). In parallel, the emergence of a CD38^{high}sIgG⁺/⁻ᵗ B cell population was observed. This effect of rIL-27 was observed at day 5 (1.5%), but not at day 3 (< 0.5%) of culture, and increased over time, as higher percentages of the latter B cells were observed at day 7 (mean effective increase 5.0%) of culture (*figure 8*). In addition, the rIL-27-induced CD38^{high} B cell population was found to express, in a time-dependent manner, lower levels of CD20, as well as high levels of CD27 (*figure 7B* and 8). However, the effects of rIL-27 were modest, both in its magnitude, as well as in its timedelay, in comparison to IL-21 and IL-10, as the latter factors induced the formation of 10 to 20% of IgD - switched B cells and plasma cell differentiated B cells by day 3 of culture.

IL-27 enhances IL-4-induced IgE production by human CD19⁺CD27⁻ naïve B cells stimulated with anti-CD40 mAb and rIL-4

Next, we examined whether IL-27 has the capacity to modulate IL-4-induced IgE production by splenic and cord blood naive B cells. Whereas IL-27 alone did not induce

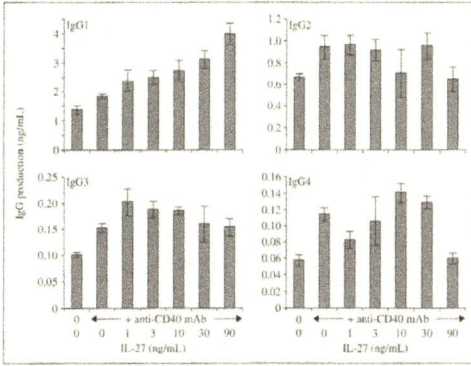

Figure 4
IL-27 increases the production of IgG1 by CD19⁺CD27⁻ naive splenic B cells. Spleen CD27⁻sIgG⁻ naive B cells were purified from CD19⁺ B cells and activated with 1 µg/mL of anti-CD40 mAb in the presence or absence of increasing amounts of rIL-27, as described in Methods. Levels of each IgG subclasses were determined by isotype-specific ELISA after 12 days of culture. Values represent mean ± SD of five independent experiments, using spleen samples from three donors.

IgE synthesis directly (figure 9), it strongly enhanced, in a dose-dependent fashion, IL-4-induced IgE production by both adult (figure 9A) and cord blood (figure 9B) CD19⁺CD27⁻ sIgD⁺sIgG⁻ naive B cells. Furthermore, in the presence of rIL-4, rIL-27 had no effect on the production of the IgG subclasses (results not shown). In order to determine whether the effect of rIL-27 on IL-4-induced IgE production was due to a direct action on the Cε switch promoter activity, its effect was tested in a germline Cε promoter gene reporter assay. BL-2 cells, stimulated with rIL-4 in the presence of CD40L-expressing L cells, expressed both the TCCR and gp-130 subunits at their surface (results not shown), indicating their potential responsiveness to rIL-27. Stimulation of BL-2 cells with an anti-CD40 mAb and IL-4 induced a strong increase in the Cε reporter gene expression which was time-dependent (figure 10A) and which was partially inhibited by the addition of IFN-γ, used as a positive control (figure 10B).

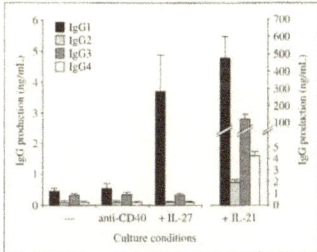

Figure 5
IL-27 has a lower capacity to enhance the production of IgG1, as compared to rIL-21. Spleen CD27⁻sIgG⁻ naive B cells were purified from CD19⁺ B cells and activated with 1 µg/mL of anti-CD40 mAb in the absence or presence of rIL-27 or rIL-21, both at a concentration of 10 ng/mL, as described in Methods. Levels of each IgG subclasses were determined as indicated in figure 4. Values represent mean ± SD of two experiments, using spleen samples from two donors.

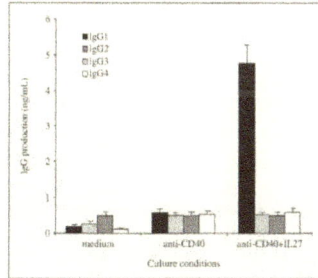

Figure 6
IL-27 induces the production of IgG1 by CD19⁺CD27⁻ naive cord blood B cells. Cord blood B cells were purified as described in Methods and activated with 1 µg/mL of anti-CD40 mAb in the absence or presence of 10 ng/mL of rIL-27. Levels of each IgG subclasses were determined as indicated in figure 4. Values represent mean ± SD of three experiments, using spleen samples from three donors.

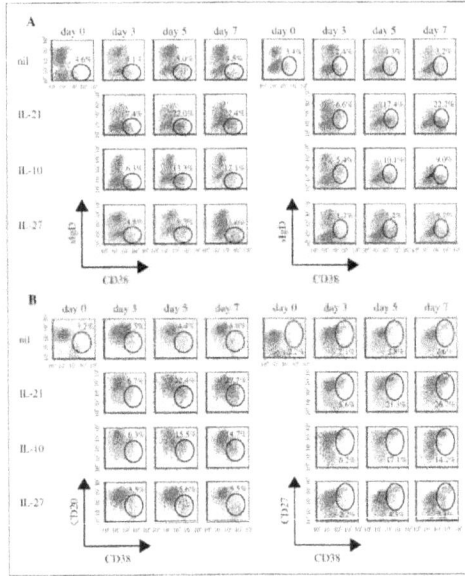

Figure 7

IL-27 induces CD19⁺CD27⁻ sIgD⁺ naive B cells to switch and differentiate into plasma cells. Splenocytes were purified and activated with 1 µg/mL of anti-CD40 mAb in the absence or presence of rIL-10, rIL-21 or rIL-27 (each at 10 ng/mL) for 3, 5 and 7 days. Representative experiment showing cell surface expression of CD38 (x-axis) as compared to sIgD or sIgG (A) and CD20 or CD27 (B) (y-axis) on lymphocyte-gated cells is represented by a four-decade log scale as dot-blots of correlated FITC and PE fluorescence. Quadrant markers were positioned to include >98% of control Ig-stained cells in the lower left. Data represented as indicated in legends to *figure 1*. At each of the indicated incubation periods, the cells were analyzed for the expression of CD38 and sIgD, sIgG, CD20 or CD27 by immunofluorescence and flow cytometry. Kinetics of the percentage of CD38ᵇʳⁱᵍʰᵗ B cells, expressing sIgD or sIgG (A), or expressing CD20 or CD27 (B), cultured in medium alone or in the presence of cytokines. The percentage of gated cells is indicated on each graph.

The addition of increasing amounts of IL-27 did not modify the expression of the reporter gene activity and furthermore, did not reverse the inhibitory effect of IFN-γ on the IL-4-mediated Cε gene promoter activation.

DISCUSSION

The differentiation of naive sIgM-expressing B cells into IgG, IgE or IgA producing plasma cells is a highly regulated process involving both interaction between B cell-expressed CD40 and its ligand CD154 on T cells, and the action of cytokines that determine the isotype specificity of the switched cells (reviewed in [20, 21]). In the present study, we show that IL-27 induces human naive B cells to specifically differentiate into IgG1-producing plasma cells. It has been reported in the literature that both TCCR and gp130 subunits of the IL-27R are constitutively expressed

at the surface of naive and memory human tonsillar B cells and that their expression is increased following CD40 stimulation [13]. However, in a different study the expression of TCCR mRNA by both naive and memory tonsilar B cells was not modulated following anti-B cell receptor stimulation, either in the presence or absence of CD40 triggering or of IFN-γ [22]. The reason for this discrepancy is not clear. We extend these results by showing that both IL-27R chains are expressed on naive cord blood B cells, albeit at much lower levels than those on naive and memory splenic B cells. Furthermore, stimulation of naïve cord blood B cells with CD40 did not result in the up-regulation of TCCR and gp130 expression. The observation that IL-27 induces proliferative responses and IgG1 synthesis by naïve B cells, while not affecting memory B cells, indicates that IL-27-mediated effects are dependent on the stage of B cell differentiation, but are not correlated

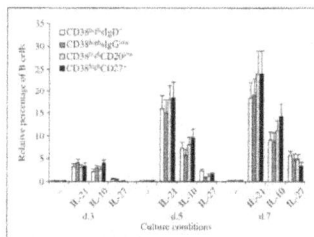

Figure 8
Kinetics of the percentage of CD38^{high} sIgD⁻, sIgG^{low}, CD20^{low} or CD27⁺ B cells induced by IL-27. Splenocytes were treated as described in *figure 7*. Values represent the net percentage of positive cells found in each culture condition in the presence of cytokines after subtraction of the percentage of positive cells in medium alone. Mean ± SD of three experiments, using spleen samples from three donors.

with expression levels of the IL-27R, as already observed by Larousserie *et al.* [13].

Many cytokines that induce Ig production by isotype switching of naive B cells also have growth-promoting activities on committed B cells. However, the observation that IL-27 does not induce proliferative response in memory B cells, excludes the possibility that IL-27 may act by promoting the outgrowth of memory B cells. Human splenocytes reportedly contain, in addition to naive B cells, germinal center B cells. However, the Bm2⁺ and the Bm3/Bm4 cells that form the germinal center B cell population are clearly CD27⁺ [23]. Moreover, it has been shown that both human centroblasts and centrocytes express CD27, although at different levels of CD27 [24] and therefore cannot be considered to contain naive B cells. As we carried out immuno-fluorescence and cell sorting to purify naive splenic B cells, faintly stained CD27⁺ cells, representing centrocytes, were excluded from the naive, CD27⁻, population. Moreover, the observation that IL-27 induced the production of IgG1 by cord blood B cells, a population that is composed exclusively of sIgD⁺ naive B cells, indicates that the action of IL-27 on IgG1 secretion is the result of a switch-promoting effect of this cytokine on naive, non-committed B cells.

Naive B cells bear, in addition to IgM, IgD at their cell surface, whereas they do not express sIgG, sIgA or sIgE. It is well accepted that the emergence, among sIgD⁺ naive B cells, of sIgD⁻ cells results from a switch recombination event, and consequently constitutes a signature of a switch to the production of IgG, IgA or IgE antibodies. Similarly, the acquisition of CD38 expression by activated CD38⁻ naive B cells constitutes a signature of their differentiation into antibody-secreting plasma cells [25]. Here, we show that the addition of IL-27 to splenocytes results in the down-regulation of sIgD expression on initially sIgD⁺ naive B cells, as well as in the concomitant emergence of a population of CD38^{high}sIgG$^{+/int}$ B cells that have not yet differentiated into plasma cells. Although we do not formally show that CD38^{high}sIgG$^{+/int}$ differentiating B cells produce IgG1, our data strongly support the notion that IL-27 may induce the production of the latter isotype by a

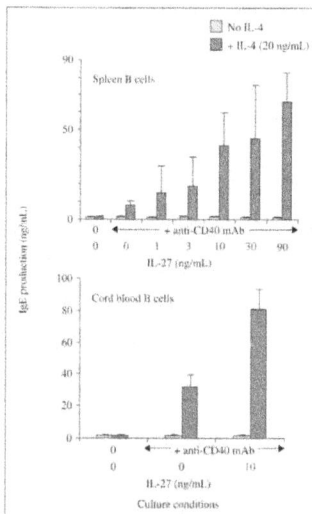

Figure 9
IL-27 enhances IL-4-induced IgE production by human CD19⁺CD27⁻ naive B cells. CD19⁺CD27⁻ naive spleen (A) and cord blood (B) B cells were purified and activated with 1 μg/mL of anti-CD40 mAb in the presence or absence of rIL-4 (20 ng/mL) and variable amounts of rIL-27 for 12 days. Levels of IgE were determined by isotype-specific ELISA. Values represent mean ± SD of five and three experiments using spleen or cord blood samples, respectively, each from three different donors.

mechanism involving the induction of isotype switching and subsequent B cell differentiation into IgG1-secreting CD38^{high} plasma cells.

It has been reported previously that successful isotype switching of naive B cells is division-associated and is therefore dependent on their degree of proliferation [26]. In addition, naive B cells were found to enter the plasma cell differentiation pathway with a 30h delay as compared to memory B cells, and that the latter cells proliferate at a faster rate as compared to naive B cells [27, 28]. The observation that IL-27 triggers the proliferation of naive B cells only (ref. 13 and the present study), might explain the relatively modest, and time-delayed induction of sIgD⁻ switched B cells and CD38⁺ differentiated plasma cells, in comparison to that of IL-21 and IL-10, which are strong proliferative factors for memory and naive B cells.

Our results are in line with those showing that IL-27 regulates the production of IgG by mouse B cells. Mice deficient for the WSX-1 gene have reduced IgG2a serum concentrations, but normal levels of the other Ig isotypes, as compared to wild-type animals [10]. This finding was corroborated by the observation that IL-27 induces IgG2a

163

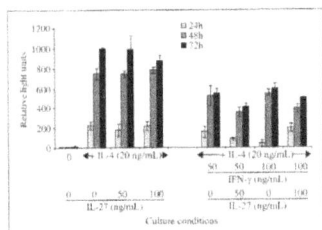

Figure 10

IL-27 does not affect IL-4-induced Cε switch promoter activity. The Burkitt lymphoma cell line BL-2 clone 20 was stimulated with rIL-4 (20 ng/mL), anti-CD40 mAb (1 µg/mL), crosslinked with a goat-anti mouse IgG (1 µg/mL), in the presence or absence of rIL-27 (50 and 100 ng/mL) and/or rIFN-γ (50 and 100 ng/mL) for 24, 48 and 72 h and germline Cε promoter activity was determined by luciferase assay. Values represent mean ± SD of two independent experiments, using spleen samples from two donors.

class switching in activated mouse B cells *in vitro* [11]. However, it is important to stress that, similar to our results, IL-27 exerts only very modest effects on Ig production in the mouse, as the magnitude of the induction of IgG2a production by activated naive B cells *in vitro* is comparable to those on IgG1 production in humans. Moreover, the IgG2a production-inducing capacity of IL-27 in the mouse is clearly inferior to that of IFN-γ, the other cytokine known to induce switching of naive mouse B cells to the production of this isotype [29], indicating that IL-27 does not play a major role in the induction of murine IgG-mediated humoral immune responses.

However, results obtained with WSX-1-deficient mice have indicated that IL-27 might regulate IL-4-dependent IgE production, as WSX-1-deficient mice showed increased serum IgE levels following allergen challenge, as compared with wild-type mice, which was associated with an increased production of Th2 cytokines in the lung, and clinical manifestation of airway responsiveness [12]. Furthermore, in a model of membranous glomerulonephritis, it has been shown that WSX-1$^{-/-}$ mice present a predominance of IgG1 in glomerular deposits, accompanied by increased IgG1 and IgE in the sera [30]. As the induction of both isotypes is under the control of IL-4, these results suggest that IL-27 might interfere with IL-4-mediated Ig production. Indeed, IL-27 was found to inhibit IgG1 class switching of anti-CD40 mAb- or LPS-activated splenic mouse B cells *in vitro*, although no data on the production of IgE were provided [11]. In humans however, IL-27 does not seem to have direct inhibitory effects on IL-4-induced IgE synthesis by naive B cells. As IL-27 did not modulate IL-4-induced Cε gene promoter activity, this result suggest that the observed enhancement of IL-4-induced IgE synthesis can be attributed to the growth-promoting activity of IL-27 on *de novo* differentiated IL-4-switched B cells. This conclusion is supported by the observation that IL-27 induces a stronger proliferation of naïve B cells in the presence of IL-4 (results not shown) than in its absence *(figure 5)*.

In humans, the induction of IgG1 production by naive B cells is also under the control of IL-10 and IL-21, two unrelated cytokines known for their capacity to induce isotype switching via the activation of γ1 (and γ3) germline promoters [14, 31, 32]. In addition, IL-21 has a great capacity to induce the differentiation of B cell into Ig-producing plasma cells [25]. However, as shown previously and in the present study, the effects of IL-27 are clearly inferior as compared to those of the latter two cytokines. This situation is similar in the mouse where IFN-γ is a much more potent IgG2a switch-inducing cytokine than IL-27 [11, 28]. Taken together, these results point out a redundancy as well as a hierarchy among the factors regulating isotype switching of B cells to the production of IgG1, with IL-27 having a rather marginal role in this process. Finally, although the diversification of mouse and human IgG subclasses has evolved in an independent manner [33], our results suggest that the synthesis of IgG2a in the mouse and that of IgG1 in human, characterized by similar effector functions in infectious immune responses, is not only controlled by different major regulatory cytokines, including IFN-γ in the mouse and IL-10 and IL21 in the human, but may also have conserved a common regulatory process mediated by IL-27.

Acknowledgements. The authors would like to thank Drs Don Foster and Francine Brière for the generous gift of reagents, and Christophe Duperray (INSERM U475, Montpellier) for expert cell-sorting.

REFERENCES

1. Pflanz S, Timans JC, Cheung J, *et al.* IL-27, a heterodimeric cytokine composed of EBI3 and p28 protein, induces proliferation of naive CD4⁺ T Cells. *Immunity* 2002; 16: 779.

2. Larousserie F, Pflanz S, Coulomb-L'Hermine A, *et al.* Expression of IL-27 in human Th1-associated granulomatous diseases. *J Pathol* 2004; 202: 164.

3. Larousserie F, Bardel E, Pflanz S, *et al.* Analysis of interleukin-27 (EBI3/p28) expression in Epstein-Barr virus and human T-cell leukemia virus type 1-associated lymphomas: heterogeneous expression of EBI3 subunit by tumoral cells. *Am J Pathol* 2005; 166: 1217.

4. Devergne O, Hummel M, Koeppen H, *et al.* A novel interleukin-12 p40-related protein induced by latent Epstein-Barr virus infection in B lymphocytes. *J Virol* 1996; 70: 1143.

5. Brombacher F, Kastelein RA, Alber G. Novel IL-12 family members shed light on the orchestration of Th1 responses. *Trends Immunol* 2003; 24: 207.

6. Pflanz S, Hibbert L, Mattson J, *et al.* WSX-1 and glycoprotein 130 constitute a signal-transducing receptor for IL-27. *J Immunol* 2004; 172: 2225.

7. Kishimoto T. Interleukin-6: from basic science to medicine-40 years in immunology. *Annu Rev Immunol* 2005; 23: 1.

8. Batten M, Li J, Yi S, Kljavin NM, *et al.* Interleukin 27 limits autoimmune encephalomyelitis by suppressing the development of interleukin 17-producing T cells. *Nat Immunol* 2006; 9: 929.

9. Stumhofer J, Laurence A, Wilson E, *et al.* Interleukin 27 negatively regulates the development of interleukin 17-producing T helper cells during chronic inflammation of the central nervous system. *Nat Immunol* 2006; 9: 937.

10. Chen Q, Ghilardi N, Wang H, *et al.* Development of Th1-type immune responses requires the type 1 cytokine receptor TCCR. *Nature* 2000; 407: 916.

11. Yoshimoto T, Okada K, Morishima N, *et al.* Induction of IgG2a Class Switching in B Cells by IL-27. *J Immunol* 2004; 173: 2479.

12. Miyazaki Y, Inoue H, Matsumura M, et al. Exacerbation of experimental allergic asthma by augmented Th2 responses in WSX-1-deficient mice. J Immunol 2005; 175: 2401.

13. Larousserie F, Charlot P, Bardel E, et al. Differential effects of IL-27 on human B cell subsets. J Immunol 2006; 176: 5890.

14. Pène J, Gauchat J-F, Lécart S, et al. Cutting Edge: IL-21 is a switch factor for the Pproduction of IgG1 and IgG3 by human B cells. J Immunol 2004; 172: 5154.

15. Scheffold A, Assenmacher M, Radbruch A. Phenotyping and separation of leukocyte populations based on affinity labelling. In: Kaufman S, Kabelitz D, eds. Immunology of Infection. 2nd ed. London: Academic Press, 2002: 25.

16. Berger M, Albrecht B, Berces A, et al. S(+)-4-(1-Phenylethylamino) quinazolines as inhibitors of human immunoglobulin E synthesis: potency is dictated by stereochemistry and atomic point charges at N-1. J Med Chem 2001; 44: 3031.

17. Valle A, Zuber C, Defrance T, et al. Activation of human B lymphocytes through CD40 and interleukin 4. Eur J Immunol 1989; 8: 1463.

18. Yssel H, De Vries JE, Koken M, et al. Serum free medium for generation and propagation of functional human cytotoxic and helper T cell clones. J Immunol Methods 1984; 72: 219.

19. Lehèvre E, Plun-Favreau H, Chevalier S, et al. Signaling pathways recruited by the cardiotrophin-like cytokine/cytokine-like factor-1 composite cytokine: specific requirement of the membrane-bound form of ciliary neurotrophic factor receptor alpha component. J Biol Chem 2001; 276: 22476.

20. Banchereau J, Bazan F, Blanchard D, et al. The CD40 antigen and itsLigand. Annu Rev Immunol 1994; 12: 881.

21. Honjo T, Kinoshita K, Muramatsu M. Molecular mechanism of class switch recombination: linkage with somatic hypermutation. Annu Rev Immunol 2002; 20: 165.

22. Gagro A, Servis D, Cepika AM, et al. Type 1 cytokine profiles of human naive and memory B lymphocytes: a potential for memory cells to impact polarization. Immunology 2006; 118: 66.

23. Arce E, Jackson DG, Gill MA, et al. Increased frequency of pre-germinal center B cells and plasma cell precursors in the blood of children with systemic lupus erythematosus. J Immunol 2001; 167: 2361.

24. Steiniger B, Timphus EM, Jacob R, et al. CD27+ B cells in human lymphatic organs: re-evaluating the splenic marginal zone. Immunology 2005; 116: 429.

25. Ettinger R, Sims GP, Fairhurst AM, et al. IL-21 induces differentiation of human naive and memory B cells into antibody-secreting plasma cells. J Immunol 2005; 175: 7867.

26. Tangye SG, Ferguson A, Avery DT, et al. Isotype switching by human B cells is division-associated and regulated by cytokines. J Immunol 2002; 169: 4298.

27. Tangye SG, Avery DT, Deenick EK, et al. Intrinsic differences in the proliferation of naive and memory human B cells as a mechanism for enhanced secondary immune responses. J Immunol 2003; 170: 686.

28. Fecteau JF, Neron S. CD40 stimulation of human peripheral B lymphocytes: distinct response from naive and memory cells. J Immunol 2003; 171: 4621.

29. Snapper CM, Peschel C, Paul WE. IFN-gamma stimulates IgG2a secretion by murine B cells stimulated with bacterial lipopolysaccharide. J Immunol 1988; 140: 2121.

30. Shimazu S, Sugiyama N, Masutani K, et al. Membranous glomerulonephritis development with Th2-type immune deviations in MRL/lpr mice deficient for IL-27 receptor (WSX-1). J Immunol 2005; 175: 7185.

31. Brière F, Servet-Delprat C, Bridon JM, et al. Human interleukin 10 induces naive surface immunoglobulin D+ (sIgD+) B cells to secrete IgG1 and IgG3. J Exp Med 1994; 179: 757.

32. Fujieda S, Saxon A, Zhang K. Direct evidence that gamma 1 and gamma 3 switching in human B cells is interleukin-10 dependent. Mol Immunol 1996; 33: 1335.

33. Hayashida H, Miyata T, Yamawaki-Kataoka Y, et al. Concerted evolution of the mouse immunoglobulin gamma chain genes. EMBO J 1984; 3: 2047.

Communication Affichée

2ème Congrès Francophone d'Allergologie
Avril 2007
Paris (France)

Résumé publié
dans la Revue française d'allergologie et d'immunologie clinique. Avril 2007. Vol
47, n°3 : 260

EOSINOPHILES ET ECP : MARQUEURS CLINIQUES CHEZ DES ENFANTS ASTHMATIQUES A ANNABA

A. Boumendjel, A. Tridon*, M. Messarah et M.S. Boulakoud
Université Badji-Mokhtar, Annaba, Algeria
*Université d'Auvergne, Clermont ferrand, France

ScienceDirect

Revue française d'allergologie et d'immunologie clinique 47 (2007) 260–264

REVUE FRANÇAISE
D'ALLERGOLOGIE
ET D'IMMUNOLOGIE CLINIQUE

http://france.elsevier.com/direct/REVCLI/

Résumés

Épidémiologie

Disponible sur Internet le 6 mars 2007

19

L'incidence de l'asthme pédiatrique en République moldave : statistiques et réalités

R. Selevestru, A. Caracu, S. Sciuca, I. Adam
Université d'État de médicine et de pharmacie, « N. Testemitanu », boulevard Stefan-cel-Mare, 165, Chisinau, République de Moldova

Objectif.– Analyse de l'incidence de l'asthme chez les enfants en République moldave et la comparaison des études épidémiologiques de cohorte pour l'identification objective des enfants avec des symptômes d'asthme.

Méthode.– L'incidence de l'asthme est déterminé par les cas nouveaux de maladie rapportés dans les institutions de statistique médicale nationales. La recherche a inclus 819 élèves pour l'identification de cas d'asthme. La sélection a été faite par l'interview des parents avec un *screening* par questionnaire composé de neuf questions, puis un questionnaire plus déroulé de 20 questions. Cela a permis d'identifier les cas suspects d'asthme. Ensuite, les enfants sélectionnés ont été soumis à des investigations cliniques et paracliniques pour confirmer le diagnostic d'asthme conformément aux critères du GINA.

Résultats.– La présélection primaire a identifié 197 enfants (24 %) avec réponses positives pour l'asthme. Cent douze enfants ont été soumis au questionnaire déroulé (13,7 %) avec plus de deux réponses positives. On a ainsi révélé 47 enfants (5,7 %) avec suspicion d'asthme. Le diagnostic a été confirmé chez 18 enfants (2,72 %). Les statistiques nationales montrent un taux d'incidence de 0,12 %, 17 fois plus faible que celui obtenu par la recherche de cohorte par des questionnaires.

Conclusion.– La méthode de l'interview est utile pour la sélection des enfants avec suspicion d'asthme, elle permet la réalisation de diagnostic précoce des états broncho-obstructifs chroniques chez les enfants.

20

Éosinophiles et ECP : marqueurs cliniques chez des enfants asthmatiques à Annaba (Côte Est algérienne)

0335-7457/$ – see front matter © 2007 Publié par Elsevier Masson S.A.S.
doi:10.1016/j.allerg.2007.02.023

A. Boumendjel, A. Tridon, M. Messarah, M.S. Boulakoud
Faculté des sciences, université Badji-Mokhtar, BP 12, Sidi Amar, 23000 Annaba, Algérie

Objectif.– C'est à travers l'exploration des éosinophiles et l'établissement de scores cliniques chez des enfants asthmatiques que nous recherchons le lien de ces marqueurs biologiques avec la sévérité et l'ancienneté de la maladie asthmatique, ainsi qu'avec les manifestations allergologiques associées et la notion d'atopie.

Méthode.– Cette étude, concernant 75 enfants asthmatiques (moyenne d'âge = 9 ans, sex-ratio M/F = 1,64), est basée aussi bien sur l'interrogatoire clinique réalisé par le médecin traitant, que sur l'exploration des éosinophiles (numération et dosage de l'ECP sérique, I2000-DPC). Le descriptif clinique nous a permis d'une part de prendre en compte l'ancienneté de la maladie et l'atopie et d'autre part de calculer le score GINA, ainsi qu'un score allergologique compris entre un et quatre représentant la somme des manifestations atopiques associées à l'hyperréactivité bronchique.

Résultats.– On trouve que l'éosinophilie est corrélée à l'ancienneté de la maladie (corrélation de Pearson = 0,389, $p = 0,013$). Par contre, nous n'avons pas enregistré de corrélation significative entre éosinophilie et la sévérité de l'asthme. Le taux d'ECP est, quant à lui, d'une part, lié à la sévérité de l'asthme ($p = 0,03$), et d'autre part, non lié à l'éosinophilie et à l'ancienneté de la maladie.

Conclusion.– On peut conclure que, dans notre population, le taux d'ECP, contrairement à l'éosinophilie sanguine (seulement liée à l'ancienneté de la maladie), représente un bon marqueur clinique (lié à la sévérité de l'asthme).

21

Sensibilisations allergéniques chez 75 enfants asthmatiques de la ville d'Annaba

A. Boumendjel, A. Tridon, M. Messarah, M.S. Boulakoud
Faculté des sciences, université Badji-Mokhtar, BP 12, Sidi Amar, 23000 Annaba, Algérie

Objectif.– Nous avons tenté un mélange de pneumallergènes, deux allergènes individualisés et deux mélanges

Communication Affichée

2ème Congrès Francophone d'Allergologie
Avril 2007
Paris (France)

Résumé publié
dans la Revue française d'allergologie et d'immunologie clinique. Avril 2007. Vol
47, n°3 : 260-261

SENSIBILISATIONS ALLERGENIQUES CHEZ 75 ENFANTS ASTHMATIQUES DE LA VILLE D'ANNABA

A. Boumendjel, A. Tridon*, M. Messarah et M.S. Boulakoud
Université Badji-Mokhtar, Annaba, Algeria
*Université d'Auvergne, Clermont ferrand, France

ScienceDirect

Revue française d'allergologie et d'immunologie clinique 47 (2007) 260–264

REVUE FRANÇAISE
D'ALLERGOLOGIE
ET D'IMMUNOLOGIE CLINIQUE

http://france.elsevier.com/direct/REVCLI/

Résumés

Épidémiologie

Disponible sur Internet le 6 mars 2007

19

L'incidence de l'asthme pédiatrique en République
moldave : statistiques et réalités

R. Selevestru, A. Caracu, S. Sciuca, I. Adam
*Université d'État de médecine et de pharmacie, « N.
Testemitanu », boulevard Stefan-cel-Mare, 165, Chisinau,
République de Moldova*

Objectif.– Analyse de l'incidence de l'asthme chez les
enfants en République moldave et la comparaison des études
épidémiologiques de cohorte pour l'identification objective des
enfants avec des symptômes d'asthme.

Méthode.– L'incidence de l'asthme est déterminé par les cas
nouveaux de maladie rapportés dans les institutions de
statistique médicale nationales. La recherche a inclus 819
élèves pour l'identification de cas d'asthme. La sélection a été
faite par l'interview des parents avec un *screening* par
questionnaire composé de neuf questions, puis un questionnaire
plus déroulé de 20 questions. Cela a permis d'identifier les cas
suspects d'asthme. Ensuite, les enfants sélectionnés ont été
soumis à des investigations cliniques et paracliniques pour
confirmer le diagnostic d'asthme conformément aux critères du
GINA.

Résultats.– La présélection primaire a identifié 197 enfants
(24 %) avec réponses positives pour l'asthme. Cent douze
enfants ont été soumis au questionnaire déroulé (13,7 %)
avec plus de deux réponses positives. On a ainsi révélé 47
enfants (5,7 %) avec suspicion d'asthme. Le diagnostic a été
confirmé chez 18 enfants (2,72 %). Les statistiques nationales
montrent un taux d'incidence de 0,12 %, 17 fois plus faible
que celui obtenu par la recherche de cohorte par des
questionnaires.

Conclusion.– La méthode de l'interview est utile pour la
sélection des enfants avec suspicion d'asthme, elle permet la
réalisation de diagnostic précoce des états broncho-obstructifs
chroniques chez les enfants.

20

Éosinophiles et ECP : marqueurs cliniques chez des enfants
asthmatiques à Annaba (Côte Est algérienne)

0335-7457/$ – see front matter © 2007 Publié par Elsevier Masson SAS.
doi:10.1016/j.allerci.2007.02.023

A. Boumendjel, A. Tridon, M. Messarah, M.S. Boulakoud
*Faculté des sciences, université Badji-Mokhtar, BP 12, Sidi
Amar, 23000 Annaba, Algérie*

Objectif.– C'est à travers l'exploration des éosinophiles et
l'établissement de scores cliniques chez des enfants asthmatiques que nous recherchons le lien de ces marqueurs biologiques avec la *sévérité* et l'ancienneté de la maladie asthmatique,
ainsi que les manifestations allergologiques associées et la
notion d'atopie.

Méthode.– Cette étude, concernant 75 enfants asthmatiques
(moyenne d'âge = 9 ans, sex-ratio M/F = 1,64), est basée aussi
bien sur l'interrogatoire clinique réalisé par le médecin traitant,
que sur l'exploration des éosinophiles (numération et dosage de
l'ECP sérique, I2000-DPC). Le descriptif clinique nous a
permis d'une part de prendre en compte l'ancienneté de la
maladie et l'atopie et d'autre part de calculer le score GINA,
ainsi qu'un score allergologique compris entre un et quatre
représentant la somme des manifestations atopiques associées à
l'hyperréactivité bronchique.

Résultats.– On trouve que l'éosinophilie est corrélée à
l'ancienneté de la maladie (corrélation de Pearson = 0,389,
$p = 0,013$). Par contre, nous n'avons pas enregistré de
corrélation significative entre éosinophilie sanguine et la
sévérité de l'asthme. Le taux d'ECP est, quant à lui, d'une part,
lié à la sévérité de l'asthme ($p = 0,03$), et d'autre part, non lié à
l'éosinophilie et à l'ancienneté de la maladie.

Conclusion.– On peut conclure que, dans notre population, le
taux d'ECP, contrairement à l'éosinophilie sanguine
(seulement liée à l'ancienneté de la maladie), représente un
bon marqueur clinique (lié à la sévérité de l'asthme).

21

Sensibilisations allergéniques chez 75 enfants asthmatiques
de la ville d'Annaba

A. Boumendjel, A. Tridon, M. Messarah, M.S. Boulakoud
*Faculté des sciences, université Badji-Mokhtar, BP 12, Sidi
Amar, 23000 Annaba, Algérie*

Objectif.– Nous avons testé un mélange de pneumallergènes, deux allergènes individualisés et deux mélanges

alimentaires afin de rechercher les sensibilisations allergéniques dans une population d'enfants asthmatiques.

Méthode. – L'étude concerne 75 enfants asthmatiques (âge moyen = 9 ans, sex-ratio M/F : 6/4). Nous avons recherché d'une part, les IgE à un mélange de pneumallergènes (T3, T9, G3, W21, W6, E1, E2, M6, D1 et I6 – *stallertest* VIDAS), et d'autre part les IgE à D1 et I6 (DPC), et contre deux mélanges alimentaires FP5 et FP15 (DPC).

Résultat. – Un descriptif général de la population est établi, montrant que 58/74 (78 %) enfants ont des manifestations allergiques associées à leur hyperréactivité bronchique. Le terrain atopique familial est relevé chez 48 sujets sur 58 (87 %) et est 1,6 fois plus important du côté paternel. Vingt-deux sur soixante-quinze (29 %) enfants n'ont aucune sensibilisation aux mélanges d'allergènes ou allergènes individualisés. Cinquante-quatre sur soixante-quinze enfants (71 %) ont au moins une sensibilisation vis-à-vis du mélange de pneumallergènes : 50/74 enfants (68 %) sont sensibilisés vis-à-vis des acariens, 26/70 (37 %) vis-à-vis des blattes, et 25/70 aux deux. Parmi les enfants sensibilisés aux pneumallergènes, 2/54 (3 %) ne sont pas sensibilisés aux acariens et aux blattes. Parmi les enfants sensibilisés aux acariens, 9/50 (18 %) le sont aussi vis-à-vis des trophallergènes. Un enfant est positif à tous les aliments explorés, un autre à cinq aliments, trois à au moins deux aliments.

Conclusion. – L'atopie basée sur des critères familiaux est très fréquente. Les sensibilisations retrouvées démontrent des IgE aux acariens, chez 2/3 des enfants dont la moitié est aussi sensibilisée aux blattes. On retrouve une influence importante de l'habitat sur les sensibilisations observées. Les sensibilisations alimentaires, moins fréquentes et toujours associées à des IgE spécifiques aux acariens, semblent correspondre plus à une polysensibilisation qu'à une vraie allergie.

22

IgE spécifiques à quatre pneumallergènes chez l'enfant de moins de cinq ans

M. Drouet, V. Brun, B. Nicolie, J. le Sellin, J.C. Bonneau, G. Gay, J.M. Leclère

Unité d'allergologie générale, CHU d'Angers, 49033 Angers cedex 9, France

Objectif. Étude de la sensibilisation (s°°) IgE aux pneumallergènes chez l'enfant de moins de cinq ans et comparaison des résultats entre deux groupes : groupe DA (enfants ayant débuté leur atopie par une dermatite atopique (DA)) et groupe A (enfants ayant débuté par un asthme (A) sans DA).

Méthode. – Dosage par technique CAP-RAST Pharmacia® des IgE spécifiques à quatre pneumallergènes (*Dermatophagoïdes pteronyssinus* d1, epithélia de chat e1, epithélia de chien e5, phléole g6) chez 128 enfants âgés de 4 mois à 5 ans

– groupe DA : 78 enfants de 4 mois à 5 ans (moyenne d'âge 14,3 mois).
– groupe A : 50 enfants de 6 mois à 5 ans (moyenne d'âge : 39 mois).

Résultats. – Tous pneumallergènes confondus, les s°° sont significativement plus élevées dans le groupe DA (1 s°° ou plus chez 75,6 %) que dans le groupe A (1 s°° ou plus chez 20 %) et la différence est significative quelque soit l'allergène : acariens (*p* = 0,01), phléole (*p* = 0,006), chat (*p* = 0,00001) et chien (*p* = 0,00001).

Dans le groupe DA, la sensibilisation est précoce (1 s°° ou plus chez 75,5 % des moins de 2 ans) et le chien est l'allergène le plus fréquent (60 % des moins de 2 ans). La polysensibilisation est fréquente après 15 mois.

Dans le groupe A, la sensibilisation est tardive (1 unique et faible sensibilisation aux acariens soit 3 % des 26 enfants de moins de 2 ans).

Conclusion. Le profil de s°° IgE est chronologiquement et qualitativement différent chez l'enfant allergique selon le mode d'entrée dans l'atopie (DA ou A). La sensibilisation précoce au chien dans le groupe DA est peut être à rapprocher de la fréquence de la sensibilisation au lait de vache dans cette population [1].

Référence

[1] Drouet M, et al. Cow's milk anaphylaxis - cross reactivity with dog – Poster EAACI juin 2003 Paris.

23

Prévalence de la sensibilisation allergique infantile. ISAAC, France

S. Kalaboka[a], G. Pauli[b], F. Lavaud[c], C. Raherison[d], D. Caillaud[e], D. Charpin[f], I. Annesi-Maesano[a]

[a]*Epar, Inserm UMR-S 707, UPMC Paris-6, 27, rue Chaligny, 75012, Paris, France ;* [b]*Strasbourg, France ;* [c]*Reims, France ;* [d]*Bordeaux, France ;* [e]*Clermont-Ferrand, France ;* [f]*Marseille, France*

Objectif. – Nous avons estimé la prévalence de la sensibilisation allergique infantile en population générale en utilisant une méthode standardisée.

Méthode. – Des enfants, au nombre de 9615, âgés de neuf à onze ans ont été sélectionnés dans le cadre de la phase II d'ISAAC, France (International Study of Asthma and Allergies in Childhood) à laquelle ont participé six villes. Parmi eux, 7781 enfants ont subi le bilan clinique prévu par le protocole, incluant des tests allergologiques cutanés (TAC) à différents aéroallergènes et trophallergènes communs. Un TAC était positif si le diamètre moyen de la papule était supérieur à 3 mm. La version 8.2 du système de SAS a été employée pour l'analyse statistique des données.

Résultats. – La prévalence de la sensibilisation allergique, définie par au moins un TAC positif, changeait significativement selon la ville (Test du χ^2, *p* < 0,0001). Elle était, en moyenne, de 28,1 %, et variait de 20,1 % à Créteil jusqu'à 37,6 % à Bordeaux. À Strasbourg, 22,7 % des enfants avaient un TAC positif à au moins un allergène, à Reims 28,2 %, à Clermont-Ferrand 28,8 % et à Marseille 33,0 %. Le pourcentage d'enfants sensibilisés à au moins 2 allergènes était de 16,9 %.

Communication Affichée

2èmes journées d'Immunologie
Novembre 2006
Alger (Algérie)

Organisées par la Société Algérienne d'Immunologie

SENSIBILISATIONS ALLERGENIQUES CHEZ 75 ENFANTS ASTHMATIQUES DE LA VILLE D'ANNABA

A. Boumendjel, A. Tridon*, M. Messarah et M.S. Boulakoud
Université Badji-Mokhtar, Annaba, Algeria
*Université d'Auvergne, Clermont ferrand, France

II. SAI
LA SOCIÉTÉ ALGÉRIENNE D'IMMUNOLOGIE
Les 2èmes Journées Nationales de l'Immunologie
25-26 Novembre 2006
Palais de la culture Moufdy Zakaria, Alger

Immunologie de l'Intestin
Physiologie et Pathologie

Programme

N°7- SENSIBILISATIONS ALLERGENIQUES CHEZ 75 ENFANTS ASTHMATIQUES DE LA VILLE DE ANNABA
BOUMENDJEL A.[1], TRIODA A.[1], MESSARAH M.[1], BOULAKOUD M.S.[1]
1 Faculté des Sciences, Université de Annaba (Algérie)
2 Faculté de Médecine et de Pharmacie de Clermont-Ferrand (France)

N°8- DISTRIBUTION DES SOUS-TYPE S HLA-B27 CHEZ DES PATIENTS ATTEINTS DE SPONDYLARTHROPATHIES DANS LA REGION D'ALGER
AMROUN H.[1], SALAH S.S.[1], ALLAT R.[2], RAMASAWMY R.[3], DUGUN H.[4],
ABBADI M.C.[1], CHARRON D.[5], TAMOUZA R.[5]
1 Laboratoire d'Immunologie, Institut Pasteur d'Algérie, Alger, Algeria
2 Service de Rhumatologie, Douéra Algeria
3 Laboratoire d'Immunologie et d'Histocompatibilité CEI-HOG AP HP-CHU Saint Louis and INSERM, Paris, France

N°9- NITRIC OXIDE SYNTHASE POLYMORPHISM IS ASSOCIATED WITH ANKYLOSING SPONDYLITIS AND LIKELY REPRESENTS A SIGNIFICANT GENETIC MARKER IN HLA-B27 NEGATIVE PATIENTS
SALAH S.S.[1], AMROUN H.[1], ALLAT R.[2], DUGUN H.[3], BUSSON M.[4],
KRISHNAMOORTHY R.[4], TOUBERT A.[4], ABBADI M.C.[1], CHARRON D.[4], TAMOUZA R.[4]
1 Laboratoire d'Immunologie, Institut Pasteur d'Algérie, Alger, Algeria
2 Service de Rhumatologie, Douéra, Algers, Algeria
3 Laboratoire d'Immunologie et d'Histocompatibilité CEI-HOG AP HP-CHU Saint Louis and INSERM U458, Hôpital Robert Debré, Paris, France

N°10- MANIFESTATIONS ARTICULAIRES ASSOCIEES AUX MALADES INFLAMMATOIRES DE L'INTESTIN : Etude de 47 cas
TITSAOUI O. DJADEL T
Service d'Hépato-gastro-entérologie, CHU Dr Sidi Bel Abbés

N°11- INTERET DES ANTICORPS ANTI-C1q DANS LA NEPHRITE LUPIQUE : Etude préliminaire sur 42 patients
DJENOUHAT K.[1], MESSAOUDI H.[2], ABRADA A.[3], ABBADI M.C.[1]
1 Service d'Immunologie, Institut Pasteur d'Alger e, Alger
2 Service de Médecine interne, CHU Alger-Centre, Algeria

N°12- ETUDE DES DEFICITS IMMUNITAIRES PRIMITIFS A PROPOS DE 13 CAS REPERTORIES DANS L'ALGEROIS
KECHOUT N.[1], FLICY E.[2], AROUDJN M.[3], ABBADI M.C.[1]
1 Service d'Immunologie, Institut Pasteur d'Alger e, Alger
2 Centre de Transfusion Sanguine de l'Armée Ain Naadia, Alger

N°13- ETUDE DU POLYMORPHISME DES ALLELES DRB1 ASSOCIE AU DIABETE DE TYPE 1 DANS LA POPULATION ALGERIENNE
BENKHALA A.[1], LASSET A. ABBADI M.C.[2], BEXTADINI A.[3], AZZOUZ M.[4]
BOUDIBA A.[4], LASSET A. ABBADI M C.[2]
1 Laboratoire Central de Biologie, Hôpital de France, Alger
2 Service d'Immunologie, Institut Pasteur d'Algérie, Alger
3 Université des Sciences et de la Technologie d'Oran
4 Centre de Transfusion sanguine de Blida(?), Beni
5 Service de Diabétologie, CHU Mustapha
6 Service de Pédiatrie, Hôpital Parnet, Alger

172

Communication Affichée

9ème Colloque CYTOKINES
Mai 2006
Presqu'île du Croisic (France)

Organisé par la Société Française d'Immunologie

EFFET DE L'INTERLEUKINE-27 SUR LA PRODUCTION DES IMMUNOGLOBULINES HUMAINES

Amel Boumendjel[1,2], Lina Tawk[1], René de Waal Malefijt[3], Vera Boulay[1], Hans Yssel[1], Jérôme Pène[1]

[1] INSERM U454, Montpellier, France

[2] Université Badji-Mokhtar, Annaba, Algeria

[3] Department of Experimental Pharmacology and Pathology, Schering-Plough Biopharma, Palo Alto, CA, USA

Société Française d'Immunologie

Colloque Cytokines

Lundi 22 - Mardi 23 Mai 2006

PRESQU'ÎLE DU CROISIC
Port aux Rocs, 44 avenue Port Val
44490 LE CROISIC

:=:=:=:=:=:=:=:

PROGRAMME
RÉSUMÉS des COMMUNICATIONS

N°13

EFFECT DE L'INTERLEUKIN-27 SUR LA PRODUCTION DES IMMUNOGLOBULINES HUMAINES

Armel Bournemeet, Lina Tarek, René de Waal Malefyt, Hans Yssel et Jérôme Fiere
INSE-IM-U454, Montpellier, France, Schering-Plough Biopharma, Palo Alto, CA

La communication isotypique aboutissant à la capacité des lymphocytes B naïfs de transformer la production d'immunoglobulines IgM vers celle d'IgG, IgE ou IgA, est le résultat d'un processus de recombinaison d'ADN (la "class switch recombination"), régulé par l'action de cytokines, ainsi que par des interactions cellulaires qui impliquent le CD40 et son ligand CD154. Récemment, il a été montré dans la littérature que NK-27 est un facteur de commutation spécifique pour la production des IgG2a par les lymphocytes B murins, suivie d'une production hétérologue. [...]

N°14

CONDITIONAL UPREGULATION OF IL-2 PRODUCTION BY P38 MAPK INACTIVATION IS MEDIATED BY INCREASED ERK1/2 AND NFAT ACTIVITIES.

Olga Kogkopoulou and George Thyphronitis.
FRE 2442, CNRS, 7 rue Guy Moquet, 94800 Villejuif

The p38 mitogen activated protein kinase (MAPK) regulates many cellular processes in almost all eukaryotic cell types. In T cells, p38 was shown to regulate thymic development and cytokine production. Here the role of p38 on interleukin-2 (IL-2) production by human peripheral blood CD4+ T cells was examined. When T cells were stimulated under weak stimulation conditions, both phosphorylation level and molecular p38 inhibitors induced a dramatic increase of IL-2 production. In contrast, IL-2 levels were not significantly affected when strong stimulation was provided to T cells. The increase in IL-2 production, following p38 inhibition, was associated with two molecular events that are crucial for IL-2 production, a strong upregulation of ERK1/2 activity and increased NFAT transcriptional activity that induced upregulation of IL-2 gene transcription. Both Erk and NFAT inhibitors were able to counteract the effect of p38 inhibition on IL-2 production further supporting the conclusion that the p38 kinase, through its ability to control Erk activation levels and NFAT transcriptional activity, acts as a gatekeeper that prevents inappropriate IL-2 production.

RESUME

Dans ce travail de recherche, nous abordons la synthèse des IgE à travers deux aspects essentiels :

-un aspect fondamental qui, tout en étant basé sur l'utilisation de la cytométrie en flux, des méthodes de tri cellulaire et des techniques de biologie moléculaire, aborde les mécanismes de la commutation isotypique et le rôle de l'IL-27 dans les lymphocytes B humains en culture;

-et un aspect appliqué qui, ayant été réalisé sur des prélèvements sanguins chez une population de soixante-quinze (75) enfants asthmatiques d'Annaba (Algérie), est basé sur diverses méthodes d'immunoanalyse.

Dans ce contexte, nous avons mis notamment en évidence l'expression d'un récepteur fonctionnel de l'IL-27, comprenant les sous unités TCCR et gp130 sur les cellules B naïves du sang de cordon humain. Cependant, nous relevons le fit que leur expression est faible par rapport aux cellules B spléniques naïves et mémoires.

Puis, nous avons montré que cette cytokine augmente la production d'IgE induite par l'IL-4 par les cellules B naïves stimulées avec l'anti-CD40 sans pour autant avoir d'effet sur l'induction de l'activité du promoteur du germline Cε. Cette cytokine favorise la commutation isotypiqe et la différenciation des cellules B naïves en plasmocytes et induit la production des IgG1 par les cellules naïves de la rate CD19+CD27-IgD+IgG- et les cellules B du sang de cordon, activées par l'intermédiaire de CD40. Toutefois, ces effets restent modestes par rapport à ceux de l'IL-10 et l'IL-21 et régulent exclusivement la production d'IgG1.

Enfin, l'étude clinicobiologique a démontré la fréquence (75%) de l'atopie (capacité génétique à synthétiser des IgE vis-à-vis des antigènes de l'environnement) et des sensibilisations (surtout allergènes liés à l'habitat) dans cette population. Le dosage des IgEs paraît être un bon marqueur biologique de la sensibilisation dans cette population dans laquelle les pneumallergènes constituent des facteurs environnementaux très souvent impliqués dans la genèse des crises d'asthme et leur sévérité. Quant aux sensibilisations alimentaires, moins fréquentes (9/75) et toujours associées à des IgEs aux acariens, elles semblent correspondre plus à une polysensibilisation qu'à une vraie allergie alimentaire. L'intérêt de l'ECP, marqueur d'activation des éosinophiles, dans l'évaluation de la sévérité de l'asthme et du degré de sensibilisation allergénique a ainsi été mis en évidence.

www.ingramcontent.com/pod-product-compliance
Lightning Source LLC
Chambersburg PA
CBHW021052210326
41598CB00016B/1184